弹道导弹扰动引力计算与补偿方法

张大巧　王继平　李少朋　刘炳琪　著

西北工業大學出版社
西安

【内容简介】 本书对弹道导弹扰动引力计算与补偿方法进行了深入系统的研究，内容包括扰动引力对弹道导弹运动影响建模与分析、外空扰动引力高精度计算方法、弹上扰动引力逼近算法、利用重力线方程计算导弹主动段扰动引力、弹道导弹扰动引力影响补偿方案以及基于动基座重力梯度仪的弹上扰动引力补偿方法等。

本书主要作为航空宇航科学与技术学科教学研究的参考资料，也可作为相关专业工程研究的参考书和从事飞行器设计科技人员的参考资料。

图书在版编目(CIP)数据

弹道导弹扰动引力计算与补偿方法 / 张大巧等著
.—西安 ：西北工业大学出版社，2022.5
ISBN 978-7-5612-8202-1

Ⅰ.①弹… Ⅱ.①张… Ⅲ.①弹道导弹-导弹飞行力学 Ⅳ.①TJ761.3

中国版本图书馆CIP数据核字(2022)第081816号

DANDAO DAODAN RAODONG YINLI JISUAN YU BUCHANG FANGFA

弹 道 导 弹 扰 动 引 力 计 算 与 补 偿 方 法

张大巧 王继平 李少朋 刘炳琪 著

责任编辑：朱辰浩 **策划编辑**：梁 卫
责任校对：孙 倩 **装帧设计**：李 飞
出版发行：西北工业大学出版社
通信地址：西安市友谊西路127号 邮编：710072
电 话：(029)88491757，88493844
网 址：www.nwpup.com
印 刷 者：西安五星印刷有限公司
开 本：787 mm×1 092 mm 1/16
印 张：8.75
字 数：230千字
版 次：2022年5月第1版 2022年5月第1次印刷
书 号：ISBN 978-7-5612-8202-1
定 价：46.00元

前　言

弹道导弹弹上导航与制导采用的是正常引力模型，没有顾及扰动引力的影响。然而，弹道导弹在飞行的整个过程中都会受到地球重力场的作用影响，对于远程弹道导弹来说，扰动引力对命中精度的影响可达 1 km 以上。随着导弹制导精度总体水平的提高，扰动引力对导弹命中精度的影响将会突显出来，因而必须要对扰动引力的精确计算及其补偿方法进行研究，以提高导弹的命中精度。

当前，弹载计算机的计算能力是十分有限的，而弹道导弹扰动引力的计算方法的计算量是非常大的，不可能直接在弹上进行实时计算。为了解决这个问题，本书采用数值逼近算法，以提高扰动引力的计算速度，实现弹上扰动引力的实时逼近计算，在此基础上，提出扰动引力的高精度补偿方案。同时，建立基于动基座重力梯度仪的实时测量进行扰动引力补偿的理论。

本书分为 7 章，第 1 章是绪论，第 2 章是扰动引力对弹道导弹运动影响建模与分析，第 3 章是外空扰动引力高精度计算方法，第 4 章是弹上扰动引力逼近算法，第 5 章是利用重力线方程计算导弹主动段扰动引力，第 6 章是弹道导弹扰动引力影响补偿方案，第 7 章是基于动基座重力梯度仪的弹上扰动引力补偿方法。

本书第 1～4 章由张大巧撰写，第 5～7 章由王继平撰写，第 1～4 章的修订工作由李少朋负责，第 5～7 章的修订工作由刘炳琪负责。

在本书的编写过程中，参考了扰动引力计算与补偿等方面的相关教材、专著和学术论文，在此向相关作者表示衷心感谢。编写中还得到了很多同行、专家、学者的具体指导和帮助，在此表示诚挚感谢！

限于水平，加之扰动引力计算与补偿是复杂交叉研究方向，涉及的知识内容跨度大，书中不足之处在所难免，恳请读者批评指正。

著　者

2022 年 2 月

目　　录

第1章 绪　论

1.1 扰动引力概述

弹道导弹在飞行的整个过程中都会受到地球重力场的作用影响，在弹道计算和导航制导过程中，地球重力场的研究是把重力作为引力与离心力的矢量和，分别对地球引力和离心力进行研究。为便于对地球引力的计算，远程弹道导弹在弹道计算和导航制导中一般把地球看作一个规则的匀质旋转椭球体，这一匀质旋转椭球称为正常地球椭球，简称为正常椭球，正常椭球产生的重力场称为正常重力场，与正常椭球对应的引力场称为正常引力场，对应的引力加速度称为正常引力加速度。地球质量分布不均匀，地表形状不规则，以及日月引力摄动和潮汐的影响，使得真实地球的形状和质量分布都与匀质旋转椭球体存在很大的差别，形状的不一致称为几何学影响，质量分布不均称为动力学影响，几何学影响和动力学影响导致了实际地球与正常椭球的差别。这种差别导致在空间任意一点存在着两个重力位值和两个引力位值——实际重力位和实际引力位，以及正常重力位和正常引力位。正常重力位是实际重力场的近似，它表示了重力场大范围的特征，正常重力位与实际重力位之间的差称为扰动重力位；实际引力场与正常引力场的差称为地球扰动引力场，正常引力位与实际引力位的差称为扰动引力位。实际引力加速度与正常引力加速度之差称为扰动引力加速度，简称为扰动引力，也称为引力异常。因为重力位是引力位与离心力位之和，而正常地球的离心力位等于实际地球的离心力位，所以扰动重力位就等于扰动引力位。

地球外部扰动引力场包含不同的频段。当用球谐函数表达式表示扰动引力时，理论上球谐函数的阶数 $n \geqslant 2$，通常将 $n=2 \sim 36$ 称为扰动引力的低频分量，$n=37 \sim 180$ 称为扰动引力的中频分量，$n=181 \sim 540$ 称为扰动引力的高频分量，$n=541$ 以上称为扰动引力的甚高频分量。频率越高则描述扰动引力的位系数数量越大，在高空扰动引力的低频分量占主要，随着高程的降低，中、高频分量越来越占主要，对于低空区域需要考虑中频乃至高频、甚高频的影响。因而在弹道导弹的主动飞行段必须考虑扰动引力的中、高频成分，其导致的落点偏差是不容忽略的，必须准确地计算导弹飞行弹道上的引力加速度，它不仅是弹道计算的基础，也是弹道导弹导航制导需要解决的问题。

1.2 研究目的和意义

提高导弹的打击精度是亟待解决的问题，而扰动引力对导弹命中精度的影响及补偿技术的研究可以有效地提高地地弹道式导弹的命中精度。扰动引力计算是弹道导弹惯性制导方案中导航计算的一项重要内容，导航计算方程为

$$\begin{cases} \dot{v}_x = \dot{w}_x + g_x^* + \delta g_x \\ \dot{v}_y = \dot{w}_y + g_y^* + \delta g_y \\ \dot{v}_z = \dot{w}_z + g_z^* + \delta g_z \\ \dot{x} = v_x \\ \dot{y} = v_y \\ \dot{z} = v_z \end{cases}$$

式中：$\dot{v}_x$、$\dot{v}_y$、$\dot{v}_z$ 为导弹速度在发射惯性系各坐标轴上的分量；$\dot{w}_x$、$\dot{w}_y$、$\dot{w}_z$ 为导弹视加速度在发射惯性系统坐标轴上的分量；g_x^*、g_y^*、g_z^* 为正常引力在发射惯性系各坐标轴上的分量；δg_x、δg_y、δg_z 为扰动引力在发射惯性系各坐标轴上的分量。

由导航计算方程可以看出，扰动引力的计算精度直接影响着导航精度，从而影响制导精度和命中精度。而目前弹上导航计算一般只采用正常引力，通过修正装定诸元来减小扰动引力对命中精度的影响。某洲际导弹的命中精度及指标分配数据见表 1－1。分析这些数据可知：随着惯导精度的提高，引力异常等其他误差对导弹命中精度的影响显得越来越突出，因此要大幅提高地地弹道式导弹的命中精度，就必须全面综合减小各种误差，而引力异常带来的命中精度误差是不能忽视的，必须对其进行深入研究，以减小其对命中精度的影响。

表 1－1　某洲际导弹的命中精度及指标分配

误差源	纵向/m	横向/m
制导误差	570	970
瞄准误差	—	670
再入误差	300	300
引力异常	450	450
其他误差	670	670
等效 CEP	1 500	

随着导弹制导精度总体水平的提高，扰动引力对导弹命中精度的影响将会突显出来。因而必须要对扰动引力的精确计算及其补偿方法进行研究，以提高导弹的命中精度。根据目前的地球引力场理论计算地球外空的扰动引力，其计算量相对当前导弹弹载计算机计算能力来说是不可容忍的。因此对扰动引力的补偿要么在射前进行修正，要么研究外空扰动引力的快速计算方法，以满足弹上实时补偿的需要。本书将针对扰动引力对导弹运动的影响进行深入分析，全面研究弹道导弹扰动引力的计算方法及其各种补偿方法，以提高导弹的命中精度。

1.3　重力测量仪器的发展现状

测量重力的方法可以分为两种：①绝对重力测量，它直接测定一点的重力值；②相对重力测量，它是测定两点之间的重力差，再逐点推求各点的重力值。绝对重力测量只在少量的地面点上进行，且主要由国家的计量科学研究单位来完成。相对重力测量是用于重力测量的最基本的方法，它被广泛应用于地球表面测量点的重力值测量。相对重力测量一般需要消耗大量的时间和人力，而且在某些交通不便、人迹稀少的地区（如沙漠、冰川、沼泽、崇山峻岭以及原始森林等），就只能采用配有可精确定位的机载重力测量设备来测量重力，其精度往往有所降低。

20 世纪 90 年代，美国标准与科技研究所和 AXIS 仪器公司在对 JILA 绝对重力仪改进的基础上，研制出了新一代商业化可移动式 FG5 型绝对重力仪，其精度可达到 2～5 μgal（1 μgal=10^{-8} m/s^2），总质量为 32 kg，架设时间为 1～2 h。它是目前在测量精度、商业化和自动化程度等方面最高的绝对重力仪，被中、加、德、日、芬等国引进和采用。中国计量科学研究院自 1964 年开始研究绝对重力仪，目前研制得较好的 NIM－Ⅲ型绝对重力仪，仪器总质量为 250 kg，1.5～2 天完成一个测点，精度为 10 μgal。现今美国拉科斯特（Lacoste & Romberg）金属弹簧重力仪精度可达到 10 μgal（G 型）、5～10 μgal（D 型）和 1 μgal（ET 型），是当前较好的相对重力仪。近年来使用的相对重力仪主要有 ZSM 型石英弹簧重力仪（精度为30～50 μgal）、L&RG 型金属弹簧重力仪和沃登重力仪（精度为 30～50 μgal），以及加拿大的 CG－2 型（精度为 30～50μgal）、CG-3 型（精度与 L&R 相当）重力仪等。静态相对重力测量仪器发展比较成熟，而从 20 世纪 50 年代中期起，一些国家开始先后发展动态相对重力测量。目前，国内外最具代表性的海洋重力仪有美国拉科斯特-隆贝格公司研制的 L&R-S 型海空重力仪、德国波登斯威克公司研制的 KSS－30 型海洋重力仪和中国科学院测地所 20 世纪 80 年代中期研制的 CHZ 型海洋重力仪等，它们的精度都达到了 1～2 mgal（1 mgal=10^{-5}m/s^2）。航空重力测量在有利的条件下精度也可达到 1～2 mgal。

爱因斯坦广义相对论中的等效原理指出：在一个封闭系统内的观测者不能区分作用于它的力是引力还是它所在的系统正在作加速运动，也就是说，惯性加速度所造成的“重力感”和牛顿万有引力的效应是完全一样的。在运动载体上，重力仪就是这封闭系统内的观测者，它感受引力和惯性力的作用，但不能对二者进行区别，因而一般的重力测量方法难以区别重力加速度与载体的线加速度。然而在一个直线加速度场中可以通过测量两点间的加速度之差来测量重力的变化，即重力梯度，再通过对重力梯度的空间积分就可得到重力。因此用测量重力势二阶导数的重力梯度仪实时测量重力梯度张量分量，就能够获得准确的重力值和垂线偏差。重力梯度异常可以反映场源体的高频细节，比重力本身具有更高的分辨率，这也是重力梯度测量的优势。

重力梯度仪的研制可追溯到 Eötvös（1848—1919 年）的工作，他根据 Cavendish（1731—1810 年）和其他早期的研究成果，于 1880 年建造了一台扭秤重力梯度仪，并用于地球表面扰动位二次导数部分分量的测量工作，重力梯度的单位就是采用这位先驱者的名字。从 20 世纪 60 年代开始，宇宙飞行的需要给重力梯度仪的研究带来了新的动力，有学者提出了新的梯度测量原理并研制了相应的重力梯度传感器。1971 年，美国空军提出要制造精度为 1 E

$(1\ \mathrm{E}=10^{-9}\mathrm{s}^{-2})$的重力梯度仪,20 世纪 70 年代中期,美国 Hughes、Draper 实验室和 Bell Aerospace Textron 的专家们分别研制出 3 种不同类型的精度为 1 E 的重力梯度仪实验室样机——旋转重力梯度仪、液浮重力梯度仪和旋转加速度计重力梯度仪。80 年代初,马里兰大学研制出了精度为 0.01 E 的单轴超导重力梯度仪实验室样机。与此同时,许多研究机构[如美国 Bendix field Engineering、Standford、史密森天体物理学天文台(SAO)、Sperry Defence System,意大利 Piano Spaziale Nazionale(PSN)和英国 Strathclyde]都在研究超导重力梯度仪。80 年代后期,俄罗斯专家研制出了精度为 0.1 E 的旋转加速度计重力梯度仪实验室样机。80 年代末,法国 Office National d'Etudes et de Recherches Aerospatiales(ONERA)研制出精度为 0.01 E 的静电加速度计(ESA)重力仪。90 年代,美国 Johns Hopkins 和澳大利亚西澳大学(UWA)的专家们开始研究用于重力梯度仪的蓝宝石谐振器加速度计。到 2002 年的时侯,马里兰大学已经研制出单轴超导重力梯度仪实验室样机并进行了试验,其精度提高到了 $10^{-3}\mathrm{E}/\sqrt{\mathrm{Hz}}$,而全张量超导重力梯度仪在室温的条件下也已经达到了 0.02 $\mathrm{E}/\sqrt{\mathrm{Hz}}$ 的灵敏度。重力梯度信号通常是很弱的,这对传感器、信号转换、信号放大以及环境噪声隔离的现有技术水平提出了严峻的挑战。目前已走出和将要走出实验室的重力梯度仪是美国 Bell Aerospace Textron 的旋转加速度计型重力梯度仪、马里兰大学的超导重力梯度仪和法国 ONERA 的静电加速度计重力梯度仪。基于旋转加速度计原理的重力梯度仪是世界上唯一商业化的移动平台重力梯度测量系统。其设计理念由 Bell Aerospace 公司于 1971 年提出,并最终在美国军的资助下完成了移动平台全张量重力梯度系统 GS S ADM 研制,于 1982 年提交美国海军在先锋号三叉戟导弹核潜艇上使用,到 1990 年代,洛克希德·马丁公司(Lockheed Martin)收购 Bell Aerospace 公司,继续发展旋转式重力梯度仪技术,并与英国 ARKeX 等公司合作研制出实用化的 FalconTM、Air-FTGTM、FTGeXTM、dFTG 等航空重力梯度测量系统,可适应飞艇、直升机平台以及固定翼飞机等多平台的搭载环境。

随着激光技术和原子干涉技术的发展,激光干涉绝对重力仪和原子干涉绝对重力仪得到了快速发展,为相应技术的绝对重力梯度仪的研究奠定了基础。

弹上进行实时重力测量的关键在于动基座重力梯度仪的研制,图 1-1 列出了正在研制的几种动基座重力梯度仪,按照重力梯度仪的工作温度、所处重力环境对比了它们的敏感性和分辨率。其中法国的 ONERA、意大利的 Istituto di Fisicadello Spazio Interplaneturio(IFSI)以及马里兰大学研制的梯度仪主要是在轨道卫星上工作,其工作时将不受重力加速度作用,轨道高度一般应高于 100 km。UWA 的低温超导重力梯度仪则是安装在轻型飞机上,专用于低空(100 m)飞行测量,同时该设备的研制也主要是针对地球物理勘探而研制的。Bell 研制的动基座重力梯度仪在室温下工作,具有数千米的分辨能力。这种产品是 Bell 为美国防御计划署设计和研制的,它的结构较大,装载在 C-130 运输机上大约 1 km 的高度上进行测量。因此使用它进行测量的代价非常高,同时它的分辨率也不是非常理想。然而它却是目前唯一可操作的动基座重力梯度仪,曾经于 1987 年 5 月成功地进行过重力梯度的航空测量,目前精度在不断提高,已经获得了许多商业合同,曾用于测量墨西哥湾地区的重力梯度数据,还成功地应用于潜艇导航等其他军事领域。

与国外的研究相比,我国重力梯度测量技术研究起步比较晚。我国于 20 世纪 90 年代开始关注国外重力梯度测量技术的发展,并针对旋转式重力梯度仪的测量原理等开展理论研究工作。国家科技部在“十一五”“十二五”和“十三五”期间持续立项支持吉林大学、华中科技大学、中船重工七 O 七所、浙江工业大学、中国科学院武汉物理与数学研究所等多家单位开展航空重力梯度仪研制，现已完成石英挠性旋转加速度计重力梯度仪、MEMS 旋转加速度计重力梯度仪、超导重力梯度仪和冷原子重力梯度仪的多原理样机研制工作，并且采用旋转加速计原理的航空重力梯度仪已开始进行动态测量试验。目前，华中科技大学研究了基于簧片的扭矩型重力梯度仪，其两个方向的测量精度分别为 47 E 和 37 E。中船重工七 O 七所、中国航天科技集团公司九院十三所(航天十三所)、华中科技大学等单位开展了旋转加速度计重力梯度仪的研究。清华大学和华中科技大学正针对差分式加速度计的测量方案进行研究。天津航海仪器研究所研制的旋转加速度计重力梯度仪原理样机，正向着工程化应用方向迈进，其重力梯度敏感器实验室静态分辨率达到 70 E。此外，华中科技大学和北京航空航天大学进行了超导重力梯度仪的研究，华中科技大学、中科院武汉物数所和浙江大学则开展了原子干涉重力梯度仪的研究。总体上，国内目前的研究工作都还处于探索阶段，距离实际的应用还存在着比较大的差距。

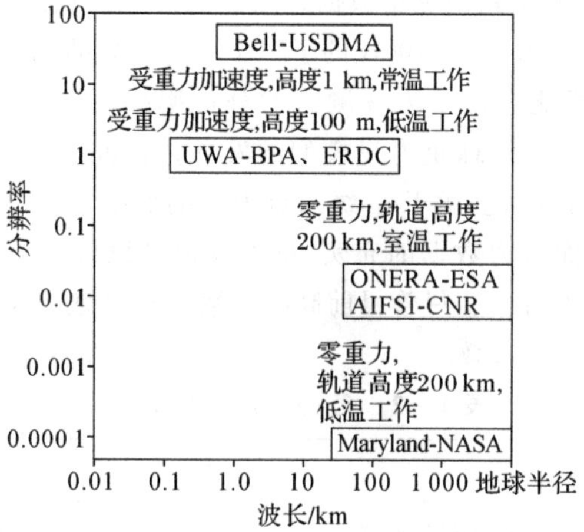

图 1-1 正在研制的几种动基座重力仪

1.4 扰动引力计算的国内外研究动态

1.4.1 空间扰动引力计算的球谐函数模型

空间扰动引力的计算在于空间扰动位的计算，空间扰动位的计算则在于求地球重力场模型。求地球重力场模型通常是指通过求解某种形式的重力测量边值问题，从而给出一种表达扰动位或其泛函的数学模型。这种模型有两种主要表达形式：一种是积分表达式；另一种就是谱展开式。习惯上，前者称为局部重力场模型，后者称为全球重力场模型。国际上惯称的全球重力场模型是特指扰动重力位球谐函数或椭球谐函数展开表达式，有时简称为位系数模型，具体形式为

$$T(r,\theta,\lambda)=\frac{GM}{r}\sum_{n=2}^{\infty}\left(\frac{R}{r}\right)^{n}\sum_{m=-n}^{n}T_{nm}Y_{nm}(\theta,\lambda)$$

式中：$T(r,\theta,\lambda)$ 为扰动位；(r,θ,λ) 为球坐标；T_{nm} 为球谐展开系数；n 和 m 表示球谐展开的阶次。

在经典的重力测量中，相当一段时间内人们获得重力场信息的主要手段是在地球表面进行重力测量，导致人们对重力场的认识水平非常有限，在步入以空间测量技术为主要手段的现代大地测量时代后，重力场观测范围得以扩大，观测数据得以丰富。

目前正在发展的重力信息空间观测方法有卫星摄动、无阻力卫星方法、卫星跟踪卫星方法、卫星重力梯度法、卫星测高方法、航空重力梯度测量等。各种方法的灵敏范围见表 1-2。随着卫星跟踪卫星技术以及卫星重力梯度测量的发展，卫星方法精确测定的位系数扩展到中、短波，位系数可高达 250 阶。21 世纪初陆续发射了 CHAMP、GRACE 和 GOCE 三种重力卫星，它们分别采用高低卫-卫跟踪(SST-hl)、低低卫-卫跟踪(SST-ll)和卫星重力梯度(SGG)三种卫星测量模式，极大地丰富了重力测量数据。除此之外，美、意两国还在研究一种新的卫星系统(TSS)的重力梯度测量，即装有梯度仪的子卫星在一较高的飞行器牵引下，可以在很低的高度(120 km)上飞行，这样能够使重力场测定的分辨率提高到 25 km，精度提高到 0.5～1 mgal。重力数据的丰富促进了地球重力场模型的发展。目前，由于激光测卫精度的提高(已达 cm 级)和卫星轨道的精确测定(优于 m 级)，重力位的低阶系数已经得到较为准确、稳定的结果。随着卫星测高和地面重力数据的充实，重力场模型已经发展到 360 阶，以及高阶(720 阶)和甚高阶(1 800 阶、2 160 阶)。尽管目前高阶系数的精度还不十分令人满意，但使人们对地球重力场的认识越来越清晰入微。

表 1-2　各种方法灵敏范围

频　段	数　据	
	目前最好水平	将来最好水平
低频	卫星摄动	卫星摄动
中频	卫星测高、1°和 1°和 20′×20′平均重力异常	卫星测高加卫星梯度仪或卫星跟踪数据
高频	5′×5′平均重力异常加垂线偏差	5′×5′地面平滑重力异常，惯性重力测量及航空重力梯度测量
甚高频	地面高程数据(1 km×1 km)	航空重力梯度仪数据加精细高程信息

国内外一些主要的研究机构及其近期所发表的模型情况简要介绍如下：

(1)NWL 系列模型。由美国海军水面作战中心(NSWC)研制。该机构是世界上最早开展这项工作的单位之一。据估计，该系列的模型有 10 余个，负责人是 Anderle，但因保密之故均未公开。根据极移监测结果的分析表明，该系列模型的质量极好。

(2)GEM 系列模型。由美国国家航空航天局(NASA)的戈达德太空飞行中心(GSFC)研制，至今已发表了 10 多个模型。于 1992 年发表的 GEM-T3 模型，完全阶次为 50 阶，是该系列最新和精度最好的低阶重力场模型。

(3)OSU 系列模型。由美国俄亥俄州立大学(OSU)研制。在 Rapp 的领导下,该大学大地测量科学系从 20 世纪 70 年代末就开始了高阶模型的研究工作,并成为这方面具有代表性的单位。于 1991 年推出的 OSU91A 模型,完全阶次为 360 阶,是该系列最新和精度最好的高阶重力场模型之一。

(4)GRIM 系列模型。这是法国空间大地测量研究组(GRGS)和联邦德国大地测量研究所(DGFI)联合研制的。于 2000 年发表的 GRIM5-C1 模型,完全阶次为 120 阶,是该系列最新重力场模型。

(5)GPM 系列模型。由德国汉诺威大学研制。在 1999 年,Wenzel 教授根据全球卫星测高 $2'\times2'$ 重力异常和欧洲地区的实测细部数据,成功解算出完整到 1 800 阶次的位模型 GMP98A/B/C,是该系列最新重力场模型。

(6)EIGEN 系列模型。由德国地学研究中心研制。在 2005 年,GFZ 发表了 EIGEN-CG03C 模型,完全阶次为 360 阶,是该系列最新重力场模型。

以上是国外一些主要研究机构研制的重力场模型现状。另外,1998 年推出的模型 EGM96,完全阶次为 360 阶。它是由以上美国最有影响力的几家研究机构联合研制成功的,因此最具有代表性和权威性。目前发布的重力场模型最高阶能够到达 2 190 阶,2008 年发布的 EGM2008、2014 年发布的 EIGEN－6C4,其模型的构制理论和解算方法代表了当今国际这个研究领域的最高水平。

我国在重力场模型的研究方面追逐着世界先进步伐并获得了不少成果。中国科学院测量与地球物理研究所在 1995 年、1998 年分别构制了 IGG95L(360 阶)和 IGG97L(720 阶)模型。以总参测绘研究所为主构制的 DQM 系列模型目前已发表 DQM2000A(540 阶)、B(720 阶)、C(1 800 阶)、D(2 160 阶)模型。以原武汉测绘科技大学为主构制的系列模型 WDM,依发表年代分别命名为 WDM89(180 阶)和 WDM94(360 阶)。李建成在 2002 年发表了 WU2002 模型,完全阶次为 720 阶。这些模型大多都是在国外模型基础上,补充使用我国的实测重力数据建立起来的,因此它们对中国地区的重力场符合情况比较好。

重力场球谐函数模型虽然近几年来发展很快,但高阶系数的确定依然不够精确,由表1－3 可以看出,用其计算低空重力异常误差是很大的,是不容许的。

表 1－3　DQM2000 系列模型各种分辨率下平均重力异常与中国实测平均重力异常比较

模　型	DQM2000A	DQM2000B	DQM2000C	DQM2000D
阶数/阶	540	720	1 080	2 160
平均重力异常分辨率	$20'\times20'$	$15'\times15'$	$10'\times10'$	$5'\times5'$
最大差值/mgal	69.57	83.62	176.15	248.97
差值均值/mgal	3.19	−3.14	−3.20	3.20
标准误差/mgal	9.92	10.13	12.96	18.36
均方根差/mgal	10.42	10.60	13.34	18.63

用球谐函数计算扰动引力在航天器轨道运动计算中被广泛采用,由于计算简单,所以导弹扰动引力赋值在考虑远区影响时一般也采用球谐函数解。但该方法也存在一些问题:①球谐

函数更多反映了地球引力场的低频部分,适于全球引力场赋值,不适于局部低空引力场赋值。目前的位系数模型在计算低空扰动引力时有较大的截断误差。对于远程弹道导弹而言适用于被动段的计算,而不适用于主动段的计算。②由于要进行递推计算,所以阶次高时计算量较大,不能满足被动段赋值要求。为此,任萱、许厚泽 、郑伟应用球谐函数展开变换法,适当选择极点,将模型改变为以地心距、侧向偏差角、射程角为参数的新表达式。变换后的方法计算速度大大提高,且可以保证一定的精度。另外,还有采用跨次递推计算和利用局部数据改进的球谐函数法、球冠谐分析等也是可供选择的思路。

1.4.2 空间扰动引力的模型逼近与算法逼近

1.4.1 节阐述了扰动引力位外部边值问题球谐函数解的研究现状。下面阐述从积分角度求解关于扰动引力位的外部边值问题的研究现状。莫里兹(Moritz)把求解这类边值问题的方法分为两类——模型逼近和算法逼近。其中,模型逼近有以斯托克斯(Stokes)理论为代表的大地水准面边值问题解——直接积分法、向上延拓法和覆盖层法;有以莫洛坚斯基(Molodensky)理论为代表的似地球表面边值问题解——莫洛坚斯基级数解、莫里兹解;有霍丁(Hotine)边值理论所对应的以大地水准面为边界面的第二外部边值问题的求解模型。算法逼近有以布耶哈马(Bjerhammar)置换理论为代表的虚拟界面边值问题解——布耶哈马解、虚拟质点解及虚拟单层密度解;有以最小二乘配置理论为代表的配置解及球谐函数解(1.4.1 节已述其发展现状)等。

斯托克斯直接积分法是利用地面重力异常数据,通过斯托克斯积分直接计算地球外部扰动引力,应用斯托克斯公式需要事先把地面上观测的重力值归算到大地水准面上,其关键是空间异常、布格异常、法耶异常等的计算。向上延拓法实际上是泊松积分的平面近似,使用向上延拓法,需要提供计算区域的重力异常、大地水准面和垂线偏差。覆盖层法是将扰动位看作一个覆盖在整个球面上密度为一定值的单层扰动质量引起的。单层密度可以通过重力异常和大地水准面高计算。黄谟涛讨论研究了斯托克斯直接积分方法的应用,蒋福珍讨论研究了覆盖层法的应用,孟嘉春讨论研究了向上延续法的应用,还分别对以上几种方法进行了讨论和分析比较。另外,游存义提出了只利用大地水准面高或大地水准面高差作为观测量的新方法,但是还没看到对这种方法具体应用问题的讨论。斯托克斯积分要进行重力归算,使得大地水准面形状和外部重力场产生歪曲,影响求解精度,因而莫洛坚斯基提出了似地球表面的边值问题。

似地球表面的边值问题的莫洛坚斯基解是将扰动位表示成单层位,在此基础上将边界条件变换为积分方程进行求解。莫洛坚斯基问题在数学上有两大难点:第一个难点在于它本身是一个高度非线性的自由边值问题,其解归结为在调和函数空间求解一个非线性超反函数问题,以确定未知边界面 S 和外部引力位函数 V。第二个难点是处理所谓“粗糙化”影响存在的困难,这一情况首先反映在莫洛坚斯基级数的高次项随着项数大于 2 开始变得越来越粗糙,可以出现绝对值很大的正、负项,这是连续使用起微分作用的算子扩展高次项产生的粗糙化;另外在非线性问题的迭代解中存在着粗糙化影响,边值函数(数据)同样存在粗糙化问题,即函数的非正则性。这些难点在方法上使莫洛坚斯基问题解算过程复杂化。莫里兹解又称为解析延拓解,其思想是将地面重力异常用解析的方法延拓到计算点的水准面上,然后将斯托克斯积分应用于该水准面求出扰动位。这些解虽然可顾及地形改正,有更高的精度,但计算比斯托克斯直接积分更为复杂，在弹道导弹飞行空间扰动引力赋值上一般不采用。

为了避免莫洛坚斯基级数粗糙化影响，布耶哈马提出新的边值问题，即将近似地球表面外部的扰动位向下延拓直到地球内部的一个球面上，这个球称为布耶哈马球。这个问题转化为求球外部调和函数 T^*，使得 T^* 在地面的外部就是实际的扰动位(但在布耶哈马球和地面之间不同)。蒋福珍分析了布耶哈马解的具体计算方案。虚拟质点解又称为点质量法、扰动质点法。该方法由保罗(Paul)于 20 世纪 60 年代末提出，目的是简化远程导弹的弹道计算，随之在民兵Ⅲ洲际弹道导弹的重力场计算中得到应用。点质量法基于布耶哈马理论，采用具有一定几何分布的地球内部质点系所产生的位等效的表示地球外部扰动位，它不需要考虑虚拟扰动质点实际分布如何，只要求质点系在地球表面产生的位及其导出物理量能以给定的精度逼近场元观测。首先根据已知的地面上有限个离散点的重力异常值，求积分方程离散化的近似数值解；然后用质点系的线性组合来逼近地球外部扰动位。点质量法模式结构简单，便于快速赋值，可顾及地形效应，并隐含了对场元地表观测作自然内插，因而得到了广泛应用。吴晓平、付容珊、Sunkel、黄谟涛、黄金水、程雪荣等人从不同的侧面对点质量法的具体实现方法进行了讨论研究。不过点质量法也存在一定的问题，首先计算中涉及求解大规模线性代数方程组问题，模型结构随意性大，无法确保精度。另外，朱灼文等人证明：该方法不具备最小模和最佳逼近性质，因而不是最佳逼近解。根据布耶哈马理论，许厚泽、朱灼文提出地球外部引力场的虚拟单层密度表示。虚拟单层密度法具有与布耶哈马法相同的性质，但是积分核大大简化，计算简单、稳定性强，使用资料范围小，可以考虑局部地形效应，计算精度较高。以布耶哈马法为代表的整个这一类“虚拟质量”法，求解等效场元都包含一种“逆”过程。如求等效重力异常和等效单层密度积分方程的迭代解，解点质量的矩阵求逆等，“逆”过程要求有良好的稳定性，这一点至今还缺乏充分的研究。在此基础上，朱灼文提出了统一引力场赋值理论。该方法提出的赋值模式结构简单，奇异性弱，可自动考虑地形效应，且整个计算都是正算，不像点质量法那样需要逆算，符合便于最终引力速算的要求。孟嘉春、程芦颖对以上方法进行了系统的归纳，给出了它们之间的换算关系，并分析了实用计算中各种方法的优劣。认为对有限阶谱的重力场来说，单层密度相对重力异常更能充分反映重力场的变化。换句话说就是，由格网化的地面密度求得的虚拟单层密度比由相同格网化的地面重力异常求得的虚拟单层密度所包涵的重力场信息更加丰富。霍丁边值问题是由扰动重力异常构成的边值问题。扰动重力是一种可以通过重力和观测点的大地高计算得到的数据，由于应用传统的测量手段无法直接获得大地高，所以一般应用近似大地高来计算扰动重力。目前，由于 GPS 三维定位技术的出现，能够方便获得高精度的大地高，所以霍丁边值问题的求解变得十分方便。当地面重力的高阶展开误差较大时，霍丁公式有比斯托克斯公式优越的趋势。最小二乘配置是用解析逼近值去拟合一定数量的已知线性泛函，以确定一个满足最小误差方差条件的函数的一种数学方法。引力异常计算的最小二乘配置解是以局部范围内不规则分布的各类观测量(引力异常、高程异常、垂线偏差等)得到一个满足最小方差条件的扰动位解并能同时估算其误差。Moritz、夏哲仁、边少锋、朱灼文讨论了该方法应用中的技术问题。田家磊以实际地形面为边界面的利用扰动重力与格林积分公式推求外部扰动重力三分量的公式，给出了利用扰动重力与豪汀积分公式计算扰动重力三分量的表达式。

近年来，随着卫星重力技术的诞生和发展，有学者提出了许多在理论上和实用上都具有重要意义的新边值问题。卫星重力技术正在提供越来越丰富的新型重力场信息源，包括覆盖全球海洋面积的卫星雷达测高、卫星轨道摄动跟踪、GPS 水准以及预计在不久将来可获取的卫星重力梯度数据。新型数据和新的数据组成结构提出了新的边值问题，目前已经开展研究的有测高-重力混合边值问题、超定边值问题、卫星重力梯度边值问题、动态边值问题以及内部边值问题，还有不确定性意义下的随机边值问题等。这些边值问题的出现将使重力场的刻画更加精确，为弹上扰动引力的赋值提供了更加精确的模型或数据。

此外，还有一种求解扰动引力的方法——梯度法，国内 20 世纪 80 年代的一些学者对其进行过研究。它是取空间扰动引力在发射点处级数展开的一阶项进行扰动引力的计算。梯度法具有计算公式简单和需要地面实测数据不多的优点。但此法忽略了高阶项，扰动引力的梯度值对地形敏感，因而此法计算高度稍大一些(如数千米)的点时，就不能得到较高精度的结果。

1.4.3 空间扰动引力计算的谱方法

为了提高扰动引力的计算速度，谱方法也是一种可供选择的方法。

目前，谱方法在物理大地测量计算中得到广泛应用。Hwang、Forsberg、Haagmans、Rummel、Farelly、Schwarz、Strang Van Heers、黄谟涛、李叶才、李建成、宁津生等人讨论了快速傅里叶变换(FFT)、快速哈特莱变换(FHT)在重力场计算中的应用。

1.4.4 空间扰动引力的数值逼近

在上述方法的基础上，在保证一定精度的前提下，为提高计算速度，适应导弹实际飞行导航计算的需要，可采用数值逼近的方法。

空间扰动引力数值逼近算法的具体步骤如下：首先采用以上任一种方法计算空间区域内选定节点的扰动引力，而后通过一定的建模方法，得到空间位置与扰动引力间的简单函数关系。1976 年 John L. Junkins 提出了重力位的有限元表达，其型函数可采用切比雪夫多项式或泰勒级数。赵东明、郑伟、陈摩西、谢愈、朱晨昊等人对有限元方法的应用做了进一步的探讨，有限元剖分的方法可以同时顾及三个坐标分量的影响，对飞行器轨道扰动引力进行逼近，可达到一定的精度，逼近效果比较理想，但是需要先计算伴飞轨道及基于轨道的空间单元节点处的扰动引力值，计算较为复杂。刘纯根、王庆宾、江东讨论了多项式拟合方法的应用。赵东明利用三次等距 B 样条插值把扰动引力表示为高度的函数，但该方法无法应用于诸元计算，即使应用到制导计算中，如果导弹的实际弹道与标准弹道偏差较大，精度也无法保证。郑伟将延拓有限元、延拓边界元等新的插值和拟合方法应用于扰动引力的逼近，取得了一定的逼近效果，但计算速度相对有限元有所降低。王激扬应用模糊控制方法的扰动引力计算，计算速度远快于分层点质量法等常规方法。王顺宏提出自适应网格赋值模型，周欢提出了基于网函数逼近理论的扰动引力模型构建和快速赋值方法基于延拓逼近理论的扰动引力快速重构方法，提高了传统赋值方法的逼近精度，降低了弹上存储量，具有一定的工程应用价值。

1.4.5 空间扰动引力的微小影响因素

空间扰动引力因某些微小因素的影响而随时间缓慢变化，但这些变化都是微量的，在弹道导弹扰动引力的计算中可以不加考虑。下面分析扰动引力的微小影响因素的量级。

地球引力常数是导弹运动方程求解的物理常数之一。目前所给出的引力常数，事实上包括了两部分质量的作用，一部分是地球本体，另一部分是地球的大气。根据 1979 年国际大地测量与地球物理联合会第 17 届大会的推荐值，地球的质量为 $5.974\,228\times10^{24}$ kg，其中大气质量为 $5.245\,8\times10^{18}$ kg，地球含大气层的引力常数为 $\mu=3.986\,005\times10^{5}\ \text{km}^3/\text{s}^2$，其中地球本体引力常数 $\mu_s=3.986\,001\,5\times10^{5}\ \text{km}^3/\text{s}^2$，大气引力常数 $\mu_a=0.35\times10^{5}\ \text{km}^3/\text{s}^2$。对于大气层外运动的卫星而言，把地球看作一个整体是恰当的。但对于穿越大气层飞行的弹道导弹而言，事实上导弹上方大气的引力作用与其他部分的作用是相反的。文献[52]探讨了上升段“引力常数”的变化对弹道导弹运动的影响，其对远程弹道导弹导致的射程偏差仅为 2 m 左右，可以忽略不计。

太阳和月亮的引潮力使得地球整体发生周期性变化，并使海洋和大气的表面产生周期性涨落，地球整体的周期性涨落和地球整体的周期形变称为地球的固体潮。固体潮会引起地球的重力变化，称为重力固体潮。固体潮还会引起地球弹性形变，产生附加引力位，从而使重力发生改变。在以上两者合并影响下所得的观测值与理论值之比，称为固体潮特征数 δ。洛夫于 1909 年引入两个表征地球弹性的参数 h 和 k，称为洛夫数。h 为弹性地球表面在引潮力作用下产生的径向位移称为固体潮高与其对应点的平衡潮高的比值。k 为弹性地球形变后产生的附加引力位与相应的原引潮力位的比值。δ 与 h 和 k 的关系为

$$\delta=1+h-\frac{3}{2}k$$

此特征值总是大于 1，一般在 1.15～1.50 之间。重力固体潮的最大变化幅度为 200 μgal，因为固体潮对重力的影响最大不超过 300 μgal，并且它是周期性变化的，可根据其周期性对其变化规律进行拟合，从而补偿重力的固体潮影响。对此不作深入探讨

重力场随时间的变化可分为潮汐变化和非潮汐变化。潮汐变化的影响上面已经阐述。与非潮汐变化有关的因素远比潮汐变化有关的因素复杂。它与地壳运动、地幔对流、地球内部密度界面如核幔边界的变化、深部物质变异有关，甚至与地球球层的因素（如断层活动、地下水、沉积物的迁移和大型工程建设）都有关系，也就是它与地球的变化、质量移动和介质密度变化紧密相联。非潮汐重力变化中还可能包含万有引力常数 G 的变化。重力场的潮汐变化是重力场时间变化中的主要成分，非潮汐变化为潮汐变化的 1/3～1/2。另外，非潮汐变化的周期比潮汐变化的周期长得多。因其对重力影响微小，对此不作探讨。

1.5　弹道导弹扰动引力补偿方法国内外研究动态

弹道导弹采用惯导系统进行导航，惯导系统因其高度的自主性，在各种飞行器中都作为主要的导航系统。作为惯导系统的一个重要的误差源，扰动引力对惯导精度的影响是研究的对象之一。在惯导系统发展的初期，由于惯性元件的精度较低，扰动引力引起的导航误差相对很小，另外重力场模型的精度和分辨率也很低，人们更多地是从理论上进行分析。随着卡尔曼滤波器在惯性导航系统中的应用，人们开始研究把扰动引力向量作为误差状态方程的参数进行估计，从而进行实时的反馈校正，减小扰动引力对惯导系统的影响。在该方法中，需要按照统

计重力学方法建立扰动引力的统计模型，再根据统计参数设计出扰动引力矢量的成形滤波器。在测量界，Moritz、Tscherning、Forsberg 等人对扰动重力进行统计建模，给出了不同的重力扰动随机模型。这些模型是为了能够尽量反映出重力扰动的实际特性，并不适合转换为成形滤波器。在导航界，Jordan、Schwarz、Eissfeller 等人用一阶或高阶高斯-马尔可夫模型来描述扰动引力，这种模型相对简单，适合于卡尔曼滤波，但往往不能完全反映重力场的实际情况。后来人们又研究了利用重力仪和重力异常图匹配技术来辅助惯导系统。进入 20 世纪 80 年代后，随着一些高精度惯导系统的出现，重力数据的分辨率已经不能满足惯导系统的要求。Jordan、Grejner-Brzezinska、Jekeli 从理论上分析了不同精度惯导系统所需要的重力测量技术及其相应的精度。Gleason、Kwon、Kopcha 分别对高精度惯导系统的扰动引力补偿方法进行了初步研究。

在国内，许多学者也对惯导系统的重力影响与补偿技术进行了研究。宁津生等人分析了惯导系统中重力扰动矢量的影响。李卓分析了中国海及领域重力异常对惯导误差的影响。袁书明研究了重力图辅助惯导系统方法。陈永冰分析了重力异常对平台式惯性导航系统误差的影响。束蝉方研究了高精度惯性导航系统的各种补偿方法。陈国强研究了弹道导弹引力异常对惯导制导的影响。段晓君研究了自由段扰动引力对弹道精度的影响。王昱研究了扰动引力的快速计算及其对落点偏差的影响。李斐分析了采用现有重力场模型 EGM96 进行重力补偿和 INS 所能达到的定位精度。对于弹道导弹扰动引力的补偿方法目前一般采用射前补偿，将扰动引力当作干扰因素，对诸元进行修正，减小扰动引力对落点精度的影响。郑伟给出了修正诸元的计算方法，以此来消除落点偏差。陈国强给出了导弹主动段扰动引力两种补偿方法。马宝林建立了补偿扰动引力场对弹道导弹命中精度影响的等效补偿理论及其等效补偿模式。

以上阐述了各种飞行器以及弹道导弹惯导系统扰动引力的影响及补偿方案的研究现状。随着高精度惯导系统的发展，惯导系统自身传感器精度不断提高，扰动引力对惯性导航精度的影响更加突出。综合分析各种弹道导弹扰动引力补偿方法，可知扰动引力补偿方案补偿精度还不够高，要达到更高的制导精度和命中精度，最好采用扰动引力的实时补偿方案。

第2章　扰动引力对弹道导弹运动影响建模与分析

2.1　扰动引力对弹道导弹运动的影响

地球引力是影响弹道导弹质心运动轨迹的重要因素，习惯上，把在解算导弹运动微分方程组时采用正常引力代替实际地球引力时的弹道解算结果称为标准值 $\bar{\Delta}$ 。其他条件相同，记入扰动引力时的解算结果为实际值 Δ，则有

$$\delta\Delta = \Delta - \bar{\Delta}$$

上式就是扰动引力对导弹运动的影响。

导弹射程 L 取决于主动段关机点时刻 t_K 、关机点状态矢量$\boldsymbol{Y}_K$ 和引力加速度矢量 $\boldsymbol{g}$。因此，实际弹道的射程为 $L(t_K, \boldsymbol{Y}_K, \boldsymbol{g})$，标准弹道的射程为 $\bar{L}(\bar{t}_K, \bar{\boldsymbol{Y}}_K, \boldsymbol{g}^*)$ 。因为制导系统是用状态矢量决定关机时间 $\bar{t}_K$ ，它显然与实际弹道的关机时刻不一致，所以射程偏差 ΔL 为

$$\Delta L = L(t_K, \boldsymbol{Y}_K, \boldsymbol{g}) - \bar{L}(\bar{t}_K, \bar{\boldsymbol{Y}}_K, \boldsymbol{g}^*) \tag{2-1}$$

在式(2-1)等号左、右同时加、减 $L(t_K, \boldsymbol{Y}_K, \boldsymbol{g}^*)$ ，并令

$$\Delta L_g = L(t_K, \boldsymbol{Y}_K, \boldsymbol{g}^*) - \bar{L}(\bar{t}_K, \bar{\boldsymbol{Y}}_K, \boldsymbol{g}^*) \tag{2-2}$$

$$\Delta L_f = L(t_K, \boldsymbol{Y}_K, \boldsymbol{g}) - L(t_K, \boldsymbol{Y}_K, \boldsymbol{g}^*) \tag{2-3}$$

可得

$$\Delta L = \Delta L_g + \Delta L_f$$

由于 $L(t_K, \boldsymbol{Y}_K, \boldsymbol{g}^*)$ 的含义是在关机点时刻和关机点状态矢量都与实际值一致，但被动段的引力加速度用正常引力加速度矢量情况下的射程，所以，式(2-3)求得的 ΔL_f 是被运动段扰动引力引起的射程偏差，而式(2-2)算得的 ΔL_g 则是由于主动段未顾及扰动引力而引起的射程偏差。下面分别对这两项进行讨论，首先阐述扰动引力的定义。

2.1.1　扰动引力的定义

所谓扰动引力，是指

$$\delta\boldsymbol{g} = \boldsymbol{g} - \boldsymbol{g}^*$$

式中：$\boldsymbol{g}$ 是实际引力加速度，按大地测量的习惯，省去“加速度”，简称引力；$\boldsymbol{g}^*$ 是正常引力。正常引力是人为选定的。一般取正常引力为

$$\boldsymbol{g}^* = -g_r \frac{\boldsymbol{r}}{r} - g_\omega \frac{\boldsymbol{\omega}}{\omega}$$

式中

$$\begin{cases} g_r = \dfrac{fM}{r^2}\left[1+\dfrac{3}{2}J_2\dfrac{a^2}{r^2}(1-3\sin^2\varphi)\right] \\ g_\omega = \dfrac{fM}{r^2}\dfrac{a^2}{r^2}\dfrac{3}{2}J_2\sin 2\varphi \end{cases}$$

式中：$\boldsymbol{r}$ 为计算点到地心距矢量；φ 为计算点对地心的地心纬度；ω 为地球自转角速度；fM 为地球引力常数；a 为赤道半径；J_2 为二阶带谐系数。

2.1.2 主动段扰动引力对导弹运动的影响

2.1.2.1 扰动引力引起的射程偏差

导弹速度和矢径记为

$$\left.\begin{aligned} \boldsymbol{v} &= [\dot{x} \quad \dot{y} \quad \dot{z}]^{\mathrm{T}} \\ \boldsymbol{\rho} &= [x \quad y \quad z]^{\mathrm{T}} \end{aligned}\right\} \tag{2-4}$$

状态变量定义为

$$\boldsymbol{Y} = [y_1 \quad y_2 \quad y_3 \quad y_4 \quad y_5 \quad y_6]^{\mathrm{T}} = [\dot{x} \quad \dot{y} \quad \dot{z} \quad x \quad y \quad z]^{\mathrm{T}} \tag{2-5}$$

式(2-4)和式(2-5)中的 x，y，z 是发射惯性系(见附录 A)下的坐标。

标准弹道的状态变量为$\bar{\boldsymbol{Y}}(t)$，在$\bar{t}_K$ 关机的射程为 $L(\bar{\boldsymbol{Y}}_K,\bar{t}_K)$恰好命中目标。实际弹道状态变量为$\boldsymbol{Y}(t)$，在 t_K 时关机，其射程为 $L(\boldsymbol{Y}_K,t_K)$，在 t_K 时关机的射程偏差定义为

$$\Delta L(t_K) = L(\boldsymbol{Y}_K,t_K) - L(\bar{\boldsymbol{Y}}_K,\bar{t}_K)$$

线性化后，有

$$\Delta L(t_K) = \left[\frac{\partial L}{\partial \bar{\boldsymbol{Y}}_K}\right]^{\mathrm{T}} \delta\boldsymbol{Y}(\bar{t}_K) + \dot{L}_K(t_K - \bar{t}_K) \tag{2-6}$$

式中

$$(\bar{t}_K) = \boldsymbol{Y}(\bar{t}_K) - \bar{\boldsymbol{Y}}(\bar{t}_K) \tag{2-7}$$

$$\dot{L}_K = \frac{\mathrm{d}L}{\mathrm{d}\bar{t}_K} = \left[\frac{\partial L}{\partial \bar{\boldsymbol{Y}}_K}\right]^{\mathrm{T}} \dot{\boldsymbol{Y}}(\bar{t}_K) + \frac{\partial L}{\partial \bar{t}_K}$$

式中：$\dfrac{\partial L}{\partial \bar{\boldsymbol{Y}}_K}$为标准弹道的偏导数在 $\bar{t}_K$ 时之值。假定按射程关机，即关机方程为

$$\Delta L(t_K) = 0$$

但制导计算机积分导航方程

$$\left.\begin{aligned} \dot{\boldsymbol{v}}' &= \dot{\boldsymbol{w}}' + \boldsymbol{g}^* \\ \dot{\boldsymbol{\rho}}' &= \boldsymbol{v}' \end{aligned}\right\} \tag{2-8}$$

得到的状态变量 $\boldsymbol{Y}' = [\dot{x}' \quad \dot{y}' \quad \dot{z}' \quad x' \quad y' \quad z']^{\mathrm{T}}$ 并不是实际弹道状态变量的真值 $\boldsymbol{Y}$，其等时变异

$$\delta\boldsymbol{Y}' = \boldsymbol{Y} - \boldsymbol{Y}' = [\delta\dot{x}' \quad \delta\dot{y}' \quad \delta\dot{z}' \quad \delta x' \quad \delta y' \quad \delta z']^{\mathrm{T}}$$

称为导航误差。式(2-8)中，$\dot{\boldsymbol{w}}$ 是视加速度的测量值，$\boldsymbol{g}^*$ 是正常引力，它们与真值存在的误差为

$$\begin{cases}\delta\dot{\boldsymbol{w}}=\dot{\boldsymbol{w}}-\dot{\boldsymbol{w}}'\\ \delta\boldsymbol{g}=\boldsymbol{g}-\boldsymbol{g}^{*}\end{cases}$$

导航误差 $\delta\boldsymbol{Y}'$就是由$\delta\dot{\boldsymbol{w}}$ 和 $\delta\boldsymbol{g}$ 引起的。本节专门讨论扰动引力的影响，可设 $\delta\dot{\boldsymbol{w}}$ 为 0。由于制导系统把 $\boldsymbol{Y}'$当作真值来实现关机方程，即实际上是按下式在 t'_K 时关机的：

$$\Delta L'(t'_K)=\left[\frac{\partial L}{\partial\bar{\boldsymbol{Y}}_K}\right]^{\mathrm{T}}\delta\boldsymbol{Y}'(\bar{t}_K)+\dot{L}_K(t'_K-\bar{t}_K)=0 \tag{2-9}$$

式中

$$\delta\boldsymbol{Y}'(\bar{t}_K)=\boldsymbol{Y}'(\bar{t}_K)-\bar{\boldsymbol{Y}}(\bar{t}_K) \tag{2-10}$$

另外，由式(2－6)得 t'_K 时关机的射程偏差为

$$\Delta L(t'_K)=\left[\frac{\partial L}{\partial\bar{\boldsymbol{Y}}_K}\right]^{\mathrm{T}}\delta\boldsymbol{Y}(\bar{t}_K)+\dot{L}_K(t'_K-\bar{t}_K) \tag{2-11}$$

式(2－11)减式(2－9)，并注意到式(2－7)和式(2－10)，有

$$\Delta L(t'_K)=\left[\frac{\partial L}{\partial\bar{\boldsymbol{Y}}_K}\right]^{\mathrm{T}}\delta\boldsymbol{Y}^{*}(\bar{t}_K)$$

式中

$$\delta\boldsymbol{Y}^{*}(\bar{t}_K)=\boldsymbol{Y}(\bar{t}_K)-\boldsymbol{Y}'(\bar{t}_K)$$

$\Delta L(t'_K)$就是在按射程关机时，扰动引力引起的射程偏差，记为 ΔL_g，可改写为

$$\Delta L_g=\left[\frac{\partial L}{\partial\bar{\boldsymbol{Y}}_K}\right]^{\mathrm{T}}\delta\boldsymbol{Y}^{*}(\bar{t}_K) \tag{2-12}$$

由此可见，导弹主动段扰动引力造成的射程偏差只与标准弹道的关机时间 $\bar{t}_K$ 时的导航误差和偏导数值有关。这是由基本公式(2－6)为基础导出的结果，是近似的，但其误差为高阶微量。

2.1.2.2　导航误差的求法

1. 导航方程的线性化

由于扰动引力 $\delta\boldsymbol{g}$ 各分量一般不超过 100 mgal，它所引起的导航误差 $\delta\boldsymbol{v}'_K$ 和 $\delta\boldsymbol{\rho}'_K$ 的各分量分别为 0.3 m/s 和 40 m，所以可以略去高阶微量而得到摄动方程为

$$\left.\begin{aligned}\delta\dot{\boldsymbol{v}}&=\left[\frac{\partial\boldsymbol{g}^{*}}{\partial\boldsymbol{p}}\right]^{\mathrm{T}}\delta\boldsymbol{\rho}+\delta\boldsymbol{g}\\ \delta\dot{\boldsymbol{J}}&=\delta\boldsymbol{v}\end{aligned}\right\} \tag{2-13}$$

式中：$\delta\boldsymbol{\rho}$ 和 $\delta\boldsymbol{v}$ 为扰动引力引起的导航误差：

$$\begin{cases}\delta\boldsymbol{\rho}(t)=\boldsymbol{\rho}(t)-\boldsymbol{\rho}'(t)\\ \delta\boldsymbol{v}(t)=\boldsymbol{v}(t)-\boldsymbol{v}'(t)\end{cases}$$

记

$$\boldsymbol{X}=[x_1\ \ x_2\ \ x_3\ \ x_4\ \ x_5\ \ x_6]^{\mathrm{T}}=[\delta v_x\ \ \delta v_y\ \ \delta v_z\ \ \delta x\ \ \delta y\ \ \delta z]^{\mathrm{T}}$$
$$\boldsymbol{F}=[f_1\ \ f_2\ \ f_3\ \ 0\ \ 0\ \ 0]^{\mathrm{T}}=[\delta g_x\ \ \delta g_y\ \ \delta g_z\ \ 0\ \ 0\ \ 0]^{\mathrm{T}}$$

则摄动方程式(2－13)可写为

$$\frac{\mathrm{d}\boldsymbol{X}}{\mathrm{d}t}=\boldsymbol{AX}+\boldsymbol{F} \tag{2-14}$$

式中

$$\boldsymbol{A}=\begin{bmatrix} \boldsymbol{0} & \begin{matrix} a_1 & a_2 & a_3 \\ a_4 & a_5 & a_6 \\ a_7 & a_8 & a_9 \end{matrix} \\ \boldsymbol{I} & \boldsymbol{0} \end{bmatrix}$$

$$a_1=\frac{\partial g_x^*}{\partial x},\quad a_2=\frac{\partial g_x^*}{\partial y},\quad a_3=\frac{\partial g_x^*}{\partial z}$$

$$a_4=\frac{\partial g_y^*}{\partial x},\quad a_5=\frac{\partial g_y^*}{\partial y},\quad a_6=\frac{\partial g_y^*}{\partial z}$$

$$a_7=\frac{\partial g_z^*}{\partial x},\quad a_8=\frac{\partial g_z^*}{\partial y},\quad a_9=\frac{\partial g_z^*}{\partial z}$$

上式中，含 J_2 项可以略去，由此导致 a_i 的误差是高阶微量，约为 10%。

2. 导航误差的具体求解

摄动方程式(2-14)的共轭方程为

$$\frac{\mathrm{d}\boldsymbol{G}}{\mathrm{d}t}=-\boldsymbol{A}^{\mathrm{T}}\boldsymbol{G} \tag{2-15}$$

式中

$$\boldsymbol{G}=[G_1\quad G_2\quad G_3\quad G_4\quad G_5\quad G_6]^{\mathrm{T}}$$

由布利斯公式，有

$$\sum_{i=1}^{6}x_i\boldsymbol{G}_i\bigg|_0^{i_K}=\sum_{j=1}^{6}\int_0^{i_K}\boldsymbol{G}_j f_j\,\mathrm{d}t$$

当 $t=0$ 时，$x_i=0$，而 $f_4=f_5=f_6=0$，有

$$\sum_{i=1}^{6}x_i(\bar{t}_K)\boldsymbol{G}_i(\bar{t}_K)=\sum_{j=1}^{3}\int_0^{i_K}\boldsymbol{G}_j(\bar{t}_K,t)f_j(t)\,\mathrm{d}t \tag{2-16}$$

为了求得扰动引力引起的射程偏差 ΔL_g，可将式(2-12)改写为

$$\Delta L_g=\sum_{i=1}^{6}x_i(\bar{t}_K)\frac{\partial L}{\partial y_i}\bigg|_{i_K} \tag{2-17}$$

比较式(2-16)和式(2-17)，得

$$\Delta L_g=\sum_{j=1}^{3}\int_0^{i_K}\boldsymbol{G}_j(\bar{t}_K,t)f_j(t)\,\mathrm{d}t$$

式中：$\boldsymbol{G}_j(\bar{t}_K,t)$ 是共轭方程式(2-15)在边值：

$$\boldsymbol{G}_i(\bar{t}_K)=\frac{\partial L}{\partial y_i}\bigg|_{i_K}$$

下的解。记 $\boldsymbol{G}_j(\bar{t}_K,t)$ 为共轭方程式(2-15)在下列边值下的解：

$$\boldsymbol{G}_{ij}(\bar{t}_K,\bar{t}_K)=\boldsymbol{I}$$

则导航误差为

$$x_i(\bar{t}_K)=\sum_{j=1}^{3}\int_0^{\bar{t}_K}\boldsymbol{G}_{ij}(\bar{t}_K,t)f_j(t)\,\mathrm{d}t \tag{2-18}$$

因而问题归结为求解摄动方程式(2-14)的转移矩阵 $\boldsymbol{G}_j(\bar{t}_K, t)$ 。文献[143]对其进行了合理的简化假设,给出了解析解,其假设为

$$\begin{cases} \boldsymbol{G}^*_{ij}(\tau) = \boldsymbol{G}_{ij}(\tau), & i=j \text{ 或 } i=j+3 \\ \boldsymbol{G}'_{ij}(\tau) = \boldsymbol{G}_{ij}(\tau), & i \neq j \text{ 或 } i \neq j+3 \end{cases}$$

式中:$\tau = \bar{t}_K - t$ 。

(1)令 $a_1 = a_6 = \beta^2, a_4 = 2\beta^2, a_3 = a_5 = 0, \beta^2 = \dfrac{fM}{r^3}$;

(2)求解 $\boldsymbol{G}^*_{ij}(\tau)$ 时,令 $a_2 = 0$,且设 $\beta = \beta_0$ 不变;

(3)在求出 $\boldsymbol{G}^*_{ij}(\tau)$ 的基础上,保留 a_2 去近似求 $\boldsymbol{G}'_{ij}(\tau)$ 。

可解得

$$\boldsymbol{G}_{ij}(\tau) = \begin{bmatrix} \cos\beta_0\tau & G_{12}(\tau) & 0 & -\beta_0\sin\beta_0\tau & 0 & 0 \\ G_{21}(\tau) & \mathrm{ch}\sqrt{2}\beta_0\tau & 0 & 0 & \sqrt{2}\beta_0\,\mathrm{sh}\sqrt{2}\beta_0\tau & 0 \\ 0 & 0 & \cos\beta_0\tau & 0 & 0 & -\beta_0\sin\beta_0\tau \\ \dfrac{\sin\beta_0\tau}{\beta_0} & G_{42}(\tau) & 0 & \cos\beta_0\tau & 0 & 0 \\ G_{51}(\tau) & \dfrac{\mathrm{sh}\sqrt{2}\beta_0\tau}{\sqrt{2}\beta_0} & 0 & 0 & \mathrm{ch}\sqrt{2}\beta_0\tau & 0 \\ 0 & 0 & \dfrac{\sin\beta_0\tau}{\beta_0} & 0 & 0 & \cos\beta_0\tau \end{bmatrix}$$

式中:β_0 的选取准则为

$$\frac{\sin\beta_0\bar{t}_K}{\beta_0} = \int_0^{\bar{t}_K} G_{11}(\tau)\mathrm{d}\tau$$

一般取 $\beta_0 = 1/825\ \mathrm{s}^{-1}$。

$$G_{12}(\tau) = G_{21}(\tau) \approx \frac{(\beta_0\tau)^2}{3!}\left[1 + \frac{2}{3}\frac{\tau}{\bar{t}_K} + \frac{1}{6}\left(\frac{\tau}{\bar{t}_K}\right)^2\right]$$

$$G_{42}(\tau) = G_{51}(\tau) \approx \frac{(\beta_0\tau)^2}{3!}\frac{\tau}{3}\left[1 - 3\frac{\tau}{\bar{t}_K} + \frac{3}{20}\left(\frac{\tau}{\bar{t}_K}\right)^2\right]$$

上述解析解的精度是相当高的。与准确解计算机解相比,其误差为万分之几,最大误差不超过 0.1%～0.2%(取 τ=260 s),误差随 τ 的减小而减小。

按式(2-18)可求得导航误差的解析表达式为

$$\left.\begin{aligned} \delta v_x &= \frac{\sin\beta_0\bar{t}_K}{\beta_0\bar{t}_K}\int_0^{\bar{t}_K}\delta g_x\mathrm{d}\tau \\ \delta v_y &= \frac{\mathrm{sh}\sqrt{2}\beta_0\bar{t}_K}{\sqrt{2}\beta_0\bar{t}_K}\int_0^{\bar{t}_K}\delta g_y\mathrm{d}\tau \end{aligned}\right\} \tag{2-19}$$

$$\left.\begin{aligned}\delta v_z&=\frac{\sin\beta_0\bar{t}_K}{\beta_0\bar{t}_K}\int_0^{\bar{t}_K}\delta g_z\mathrm{d}\tau\\\delta x&=\frac{2(1-\cos\beta_0\bar{t}_K)}{(\beta_0\bar{t}_K)^2}\int_0^{\bar{t}_K}\tau\delta g_x\mathrm{d}\tau\\\delta y&=\frac{\mathrm{ch}\sqrt{2}\beta_0\bar{t}_K-1}{(\beta_0\bar{t}_K)^2}\int_0^{\bar{t}_K}\tau\delta g_y\mathrm{d}\tau\\\delta z&=\frac{2(1-\cos\beta_0\bar{t}_K)}{(\beta_0\bar{t}_K)^2}\int_0^{\bar{t}_K}\tau\delta g_z\mathrm{d}\tau\end{aligned}\right\}\qquad(续 2-19)$$

由式(2-19)可求得状态导航误差。其计算误差如下：速度误差约为万分之几米/秒，折算到射程偏差为1～2 m；位置误差最大为0.01 m，其对射程的影响是微不足道的。

2.1.2.3 影响射程偏差的主要因素

为了定性分析主要因素对ΔL_g的影响，略去如下的次要因素：

(1)略去交连影响；

(2)略去ΔL_g中含δv_x、δx和δz的项，这些项引起的误差为10 m左右。

此时有

$$\Delta L_g=\bar{t}_K\left[K_1\frac{\partial L}{\partial v_x}\delta\bar{g}_x+\left(K_2\frac{\partial L}{\partial v_y}+K_4\frac{\partial L}{\partial y}\frac{\bar{t}_K}{2}\right)\delta\bar{g}_y\right]\qquad(2-20)$$

式中

$$\begin{cases}\delta\bar{g}_x=\dfrac{1}{\bar{t}_K}\displaystyle\int_0^{\bar{t}_K}\delta g_x\mathrm{d}\tau\\\delta\bar{g}_y=\dfrac{1}{\bar{t}_K}\displaystyle\int_0^{\bar{t}_K}\delta g_y\mathrm{d}\tau\end{cases}$$

$\delta\bar{g}_x$和$\delta\bar{g}_y$分别为扰动引力分量δg_x和δg_y的积分平均值；K_1，K_2，K_4是常系数，取决于β_0和$\bar{t}_K$。

为了在ΔL_g中体现出发射方位角A_0的影响，将δg_x，δg_y，δg_z转换到北东惯性坐标系，其转换关系式为

$$\begin{cases}\delta g_x=\cos A_0\delta g_N+\sin A_0\delta g_E\\\delta g_y=\delta g_R\\\delta g_z=-\sin A_0\delta g_N+\cos A_0\delta g_E\end{cases}$$

式中：δg_N，δg_R，δg_E分别为扰动引力在北东惯性坐标系上的3个分量。由此可推得

$$\Delta L_g=\bar{t}_K\left[K_1\frac{\partial L}{\partial v_x}(\cos A_0\delta\bar{g}_N+\sin A_0\delta\bar{g}_E)+\left(K_2\frac{\partial L}{\partial v_y}+K_4\frac{\partial L}{\partial y}\frac{\bar{t}_K}{2}\right)\delta\bar{g}_R\right]\qquad(2-21)$$

从式(2-21)可以看出，射程偏差取决于以下几个因素：

(1)发射场周围扰动引力场的特性。具体表现为扰动引力δg_N，δg_R，δg_E三个分量沿飞行路径的积分平均值。

(2)发射状态。集中表现为发射方向上扰动引力水平分量的大小。因此,对于同一发射点在有的方向上可能射程偏差大,而在另一些方向上射程偏差则较小。

(3)弹道特性。表现在射程偏差与主动段飞行时间和射程偏导数成正比。

2.1.3　被动段扰动引力对导弹运动的影响

弹道导弹在被动段飞行时,扰动引力的作用使实际弹道偏离标准弹道。两种弹道之间的差异可用等高偏差来表示,如图 2-1 所示。等高偏差是实际弹道与标准椭圆弹道大地高度相等时的运动参数偏差。

在研究本问题时,一般采用图 2-2 所示的当地水平坐标系 $O\text{-}\beta rz$ 。坐标原点 O 固定在导弹质心,它跟随导弹沿标准弹道飞行。O 点的地心矢径为 r 轴,背向地心为正;β 轴在标准弹道平面内,且垂直于 r 轴,沿弹道运动方向为正;z 轴按右手法则确定。

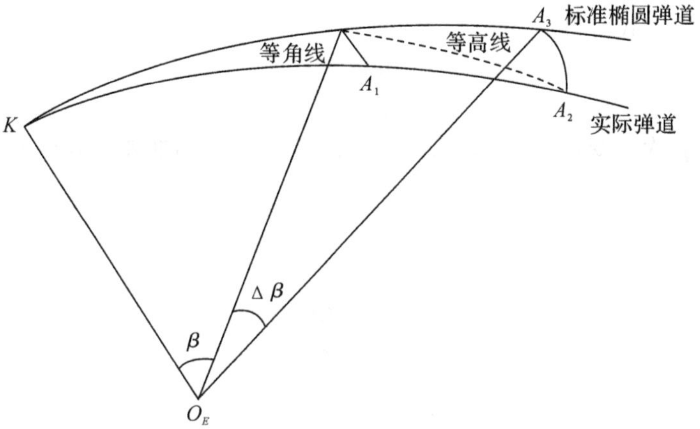

图 2-1　等高偏差图

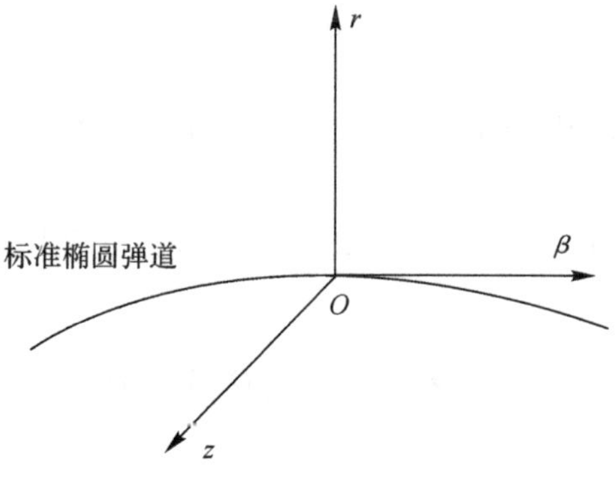

图 2-2 坐标图

以 t 为自变量,以径向速度 v_r、周向速度 v_β、侧向速度 v_z 和地心距 r、地心角 β、侧向位移 z 为变量的标准弹道方程为

$$\left.\begin{aligned}\dot{v}_r &= \frac{v_\beta}{r} - \frac{fM}{r^2} \\ \dot{v}_\beta &= -\frac{1}{r}v_r v_\beta \\ \dot{v}_z &= -\frac{fM}{r^2}\frac{z}{r} \\ \dot{r} &= v_r \\ \dot{\beta} &= \frac{v_\beta}{r} \\ \dot{z} &= v_z\end{aligned}\right\} \tag{2-22}$$

若将自变量换为 β，考虑到

$$\frac{\mathrm{d}}{\mathrm{d}\beta} = \frac{\mathrm{d}}{\mathrm{d}t} \cdot \frac{\mathrm{d}t}{\mathrm{d}\beta}$$

而由式(2-22)的第五式可得

$$\frac{\mathrm{d}t}{\mathrm{d}\beta} = \frac{r}{v_\beta}$$

由此可得，以 β 为自变量，以 v_r、v_β、v_z、r、t、z 为变量的标准弹道方程为

$$\begin{cases} v'_r = v_\beta - \dfrac{fM}{r v_\beta} \\ v'_\beta = -v_r \\ v'_z = -\dfrac{fM}{r^2}\dfrac{z}{v_\beta} \\ r' = \dfrac{r v_r}{v_\beta} \\ t' = \dfrac{r}{v_\beta} \\ \dot{z} = \dfrac{r v_z}{v_\beta} \end{cases}$$

式中：等号左边变量右上角的“$'$”表示对 β 求导数。设实际弹道与标准弹道运动参数的等高偏差矢量为

$$\boldsymbol{Y} = [\Delta v_r \quad \Delta\beta \quad \Delta v_\beta \quad \Delta t \quad \Delta v_z \quad \Delta z]^{\mathrm{T}}$$

其满足以下的摄动方程：

$$\frac{\mathrm{d}\boldsymbol{Y}}{\mathrm{d}\beta} = \left(\boldsymbol{D}_h\boldsymbol{C} + \frac{\mathrm{d}\boldsymbol{D}_h}{\mathrm{d}\beta}\right)\boldsymbol{D}_h^{-1}\boldsymbol{Y} + \boldsymbol{DU} \tag{2-23}$$

式中

$$\boldsymbol{U} = \left[\frac{r^2}{\sqrt{h}}\delta g_r \quad 0 \quad \frac{r^2}{\sqrt{h}}\delta g_\beta \quad 0 \quad \frac{r^2}{\sqrt{h}}\delta g_z \quad 0\right]^{\mathrm{T}}$$

其中：$h = \mu_f p$，$\mu_f = fM$，p 是粗圆轨道的长半轴；δg_r、δg_β 和 δg_z 是扰动引力在 O-βrz 坐标系的 3 个坐标轴方向的分量。

$$
\boldsymbol{C}=\begin{bmatrix}
0 & \frac{1}{r}\sqrt{\frac{fM}{p}} & 1+\frac{r}{p} & 0 & 0 & 0 \\
\frac{r^2}{\sqrt{h}} & \frac{rv_r}{\sqrt{h}} & -\frac{r^3 v_r}{h} & 0 & 0 & 0 \\
-1 & 0 & 0 & 0 & 0 & 0 \\
0 & \frac{r}{\sqrt{h}} & -\frac{r^3}{h} & 0 & 0 & 0 \\
0 & 0 & 0 & 0 & 0 & -\frac{1}{r}\sqrt{\frac{fM}{p}} \\
0 & 0 & 0 & 0 & \frac{r^2}{\sqrt{h}} & 0
\end{bmatrix}
$$

$$
\boldsymbol{D}_h=\begin{bmatrix}
1 & -\frac{\mathrm{d}v_r}{\mathrm{d}r}[1-F_h(\beta)] & 0 & 0 & 0 & 0 \\
0 & -\frac{\mathrm{d}\beta}{\mathrm{d}r}[1-F_h(\beta)] & 0 & 0 & 0 & 0 \\
0 & -\frac{\mathrm{d}v_\beta}{\mathrm{d}r}[1-F_h(\beta)] & 1 & 0 & 0 & 0 \\
0 & -\frac{\mathrm{d}t}{\mathrm{d}r}[1-F_h(\beta)] & 0 & 1 & 0 & 0 \\
0 & 0 & 0 & 0 & 1 & 0 \\
0 & 0 & 0 & 0 & 0 & 1
\end{bmatrix}
$$

其中

$$
\begin{cases}
F_h(\beta)=\frac{a_e}{2}\varepsilon^2\left[-C_k\sin(2\beta)+D_k\cos(2\beta)\right]\frac{\mathrm{d}\beta}{\mathrm{d}r} \\
\varepsilon^2=2\alpha_e-\alpha_e^2 \\
C_k=\sin^2\varphi_k-\cos^2\varphi_k\cos^2 A_k \\
D_k=\sin(2\varphi_k)\cos A_k
\end{cases}
$$

式中：ε 为地球偏心率；φ_k 为关机点的地心纬度；A_k 为关机点的方位角。

解微分方程式(2－23)，可得

$$
\left.\begin{aligned}
\Delta\beta_c&=\frac{1}{\sqrt{h}}\int_0^{\beta_c} r^2(\lambda_{21,h}\delta g_r+\lambda_{23,h}\delta g_\beta)\,\mathrm{d}\beta \\
\Delta t_c&=\frac{1}{\sqrt{h}}\int_0^{\beta_c} r^2(\lambda_{41,h}\delta g_r+\lambda_{43,h}\delta g_\beta)\,\mathrm{d}\beta \\
\Delta z_c&=\frac{1}{\sqrt{h}}\int_0^{\beta_c} r^2\lambda_{65,h}\delta g_z\,\mathrm{d}\beta
\end{aligned}\right\} \tag{2-24}
$$

式中：下标 c 表示该参数值是属于落点的；$\lambda_{21,h}$，$\lambda_{23,h}$，$\lambda_{41,h}$，$\lambda_{43,h}$，$\lambda_{65,h}$ 是等高偏差摄动状态转移矩阵 $\boldsymbol{\lambda}_h(\beta,\xi)$ 中的元素，其计算表达式如下：

$$\begin{cases}\lambda_{21,h}=\lambda_{21,r}\left[1-F_h(\beta)\right]\\ \lambda_{23,h}=\lambda_{23,r}\left[1-F_h(\beta)\right]\\ \lambda_{41,h}=\lambda_{41,r}+\dfrac{r_\beta^2}{\mu e}\dfrac{\sin(\beta-\xi)}{\sin f_\beta}F_h(\beta)\\ \lambda_{43,h}=\lambda_{43,r}+\dfrac{r_\beta^2}{\mu e\sin f_p}\dfrac{r_\xi}{p}\left[\left(1+\dfrac{p}{r_\beta}\right)-\left(1+\dfrac{p}{r_\xi}\right)\cos(\beta-\xi)\right]F_h(\beta)\\ \lambda_{t65,h}=\lambda_{65,r}\end{cases}$$

其中：$\lambda_{21,r}$，$\lambda_{23,r}$，$\lambda_{41,r}$，$\lambda_{43,r}$，$\lambda_{65,r}$ 是等地心距偏差摄动状态转移矩阵 $\boldsymbol{\lambda}_r(\beta,\xi)$ 中的元素，其计算表达式为

$$\begin{cases}\lambda_{21,r}=-\dfrac{\sin(\beta-\xi)}{v_r}\\ \lambda_{23,r}=-\dfrac{r_\xi}{v_r p}\left[\left(1+\dfrac{p}{r_\beta}\right)-\left(1+\dfrac{p}{r_\xi}\right)\cos(\beta-\xi)\right]\\ \lambda_{41,r}=\dfrac{p^2\sin f_\xi}{\mu}\{\left[\cot f_\beta\cdot T_2(\beta)-T_1(\beta)\right]-\left[\cot f_\xi\cdot T_2(\xi)-T_1(\xi)\right]\}\\ \lambda_{43,r}=\dfrac{p^3}{e\mu r_\xi}(\cot f_\beta\cdot\{\left[T_2(\beta)-T_2(\xi)\right]-\left[T_1(\beta)-T_1(\xi)\right]\})\\ \lambda_{65,r}=\dfrac{r_\beta r_\xi}{\sqrt{\mu p}}\sin(\beta-\xi)\end{cases}$$

其中

$$\begin{cases}T_1(x)=\dfrac{1}{1-e^2}\left[\dfrac{r_x^2}{p^2}\sin f_x+\dfrac{1+2e^2}{1-e^2}\left(\dfrac{r_x}{p}\right)\sin f_x-\dfrac{3e}{(1-e^2)^{3/2}}E_x\right]\\ T_2(x)=\dfrac{1}{e}\dfrac{r_x^2}{p^2}\end{cases}$$

式中：E_x 为偏近点角；x 取 β 或 ξ 。

然后，由下式即可求得落点经、纬度偏差 $\Delta\lambda_c$ 和 $\Delta\varphi_c$ ：

$$\begin{bmatrix}\Delta\lambda_c\\ \Delta\varphi_c\end{bmatrix}=\begin{bmatrix}\sin A_c/\cos\varphi_c & \cos A_c/\cos\varphi_c & -\omega\\ \cos A_c & -\sin A_c & 0\end{bmatrix}\begin{bmatrix}\Delta\beta_c\\ \Delta z_c/r_c\\ \Delta t_c\end{bmatrix}\tag{2-25}$$

式中：A_c，φ_c 和 r_c 为落点的方位角、纬度和地心距。

由上面的论述看出，扰动引力对被动段弹道的影响，取决于以下 5 个权系数：

$$\frac{r^2}{\sqrt{h}}\lambda_{21,h},\frac{r^2}{\sqrt{h}}\lambda_{23,h},\frac{r^2}{\sqrt{h}}\lambda_{41,h},\frac{r^2}{\sqrt{h}}\lambda_{43,h},\frac{r^2}{\sqrt{h}}\lambda_{65,h}$$

通过分析确认，上述权系数有以下特性：

(1)随 β 的增大而衰减。这使得被动段起始阶段的扰动引力对落点偏差影响较大，而在接近落点时，扰动引力的影响变小。因而，对于扰动引力的计算精度的要求也是在起始阶段要求较高，在落点附近要求可降低。

(2)权系数都为正值，且数值变化比较平缓。这使得扰动引力中的高频成份对落点的影响有互相抵消作用，因而造成落点偏差的主要因素是扰动引力的低频成份。

2.1.4　扰动引力对弹道导弹运动影响算例

上述给出了扰动引力引起导弹落点偏差的简化模型，其目的一方面是为了便于分析扰动引力对导弹运动影响的特性；另一方面是为了减小计算量，加快计算速度。下面采用精确弹道模型，用数值积分方法进行弹道计算，用 GEM94 球谐函数模型计算扰动引力，利用贝赛尔反解求落点偏差，给出了一组扰动引力对各射程弹道导弹运动影响的落点偏差数据(见表 2-1 和表 2-2)。

表 2-1　主动段扰动引力对导弹落点偏差的影响

瞄准方位角/(°)	6 000 km		8 000 km		10 000 km		12 000 km	
	纵向/m	横向/m	纵向/m	横向/m	纵向/m	横向/m	纵向/m	横向/m
0	206.7	67.6	252.1	88.9	279.0	109.4	289.1	129.2
45	367.0	63.0	583.5	100.0	822.0	154.2	1036.8	227.7
90	441.4	22.8	591.2	34.8	715.6	44.5	804.6	47.6
135	397.7	−25.9	631.6	−34.6	888.2	−58.7	1111.6	−113.0
180	263.8	−45.4	334.7	−57.4	388.7	−73.2	416.5	−96.0
225	141.5	−26.4	156.7	−30.6	153.3	−34.0	129.8	−36.4
270	57.7	−1.7	40.3	−1.8	8.0	−2.2	−33.3	−3.1
315	87.6	32.6	80.8	39.2	54.8	42.0	12.2	39.0

表 2-2　被动段扰动引力对导弹落点偏差的影响

瞄准方位角/(°)	6 000 km		8 000 km		10 000 km		12 000 km	
	纵向/m	横向/m	纵向/m	横向/m	纵向/m	横向/m	纵向/m	横向/m
0	186.3	80.0	226.2	89.4	264.7	91.6	304.6	103.6
45	52.1	42.4	79.4	42.6	114.6	50.3	159.9	69.7
90	54.6	42.0	80.3	70.2	100.1	90.6	106.1	99.9
135	49.0	−18.7	19.2	−34.1	22.6	−58.1	38.2	−83.4
180	86.3	−105.0	132.4	−144.8	206.2	−167.9	261.7	−176.5
225	197.5	−46.8	306.7	−62.8	373.9	−81.8	389.5	−102.9
270	122.7	15.8	199.4	38.1	265.8	63.2	333.6	85.6
315	251.2	47.6	335.9	71.8	383.9	98.9	381.3	125.6

用 GEM94 球谐函数模型计算的导弹主动段扰动引力误差是很大，但不影响分析扰动引力对落点偏差的影响规律。由表 2-1 和表 2-2 中可以看出，扰动引力对远程弹道导弹落点的影响可达到 1 km 以上，其影响规律符合 2.1.2 节～2.1.3 节做出的分析。

2.2 扰动引力对弹道导弹诸元计算的影响

弹道导弹诸元计算首先要确定标准弹道，然后在标准弹道的基础上解算各诸元量。标准弹道采用的引力模型一般是正常引力模型，因而解算获得的诸元控制量会控制实际弹道在不考虑扰动引力的标准弹道附近摄动，把扰动引力的影响当作干扰来进行诸元量的修正。如果采用精确引力模型，即正常引力模型中加上扰动引力来确定标准弹道，其解算获得的诸元控制量会控制实际弹道在考虑扰动引力的标准弹道附近摄动。分别采用正常引力模型和精确引力模型解算诸元量，其诸元量是不一样的，下面对其进行分析。

2.2.1 不考虑扰动引力的诸元计算

采用正常引力模型确定的标准弹道进行诸元计算。选择一条射程约为 7 300 km 的标准弹道，导弹的射击条件见表 2-3。

表 2-3 导弹的射击条件

名 称	符 号	数 值
发射点天文经度/(°)	λ_T	108
发射点天文纬度/(°)	B_T	34
发射点大地高/m	H_f	300
瞄准方位角/(°)	A_T	220
关机时间/s	t_K	260
目标点大地高/m	H_m	2 000

2.2.2 考虑扰动引力的诸元计算

考虑扰动引力的诸元计算首先要确定考虑扰动引力的标准弹道。考虑扰动引力的标准弹道在基于正常引力的标准弹道基础上加入扰动引力模型对瞄准方位角 A_{mz} 和关机时间 t_K 进行迭代来确定。扰动引力采用 GEM94 球谐函数模型计算，其引起的落点偏差为纵向 418.9 m、横向 −99.4 m。迭代方法如下：

设发射点与目标点的大地距离为 L_d，大地方位角为 A_d，通过贝赛尔反解求得。

第一次逼近：瞄准方位角初值 $A_{mz}^1=220°$，关机时间 $t_K^1=260$ s。解算标准弹道，且在 t_K^1 前后各两个步长 t_K^1-2h、t_K^1-h、t_K^1、t_K^1+h、t_K^1+2h 五个点处保留弹道参数，然后以这五个弹道参数为初始条件继续解五条弹道（被动段），得出五个落点对应的射程和方位角，见表 2-4。以 L_d 为引数在表 2-4 中用拉格朗日插值公式求出对应的关机时间 t_1 和落点方位角 A_1。

表 2-4　五个关机时间对应的射程和落点方位角

时 间	t_K^1-2h	t_K^1-h	t_K^1	t_K^1+h	t_K^1+2h
射 程	L_{11}	L_{12}	L_{13}	L_{14}	L_{15}
方位角	A_{11}	A_{12}	A_{13}	A_{14}	A_{15}

第二次逼近：瞄准方位角 A_{mz}^2 和关机时间 t_K^2 用下式确定：

$$\begin{cases} t_K^2=t_1 \\ A_{mz}^?=A_{mz}^1+(A_d-A_1) \end{cases}$$

根据 A_{mz}^2 和 t_K^2 再进行标准弹道解算，同样在 t_K^2 前后五个点处保留弹道参数，解算其五个落点参数，并以表 2-4 的形式列出，再以 L_d 为引数求出对应的关机时间 t_2 和落点方位角 A_2。

第三次逼近：瞄准方位角 A_{mz}^3 和关机时间 t_K^3 用下式确定：

$$\begin{cases} t_K^3=t_2+\dfrac{t_2-t_1}{A_2-A_1}(A_d-A_2) \\ A_{mz}^3=A_{mz}^2+\dfrac{A_{mz}^2-A_{mz}^1}{A_2-A_1}(A_d-A_2) \end{cases}$$

再以 A_{mz}^3 和t_K^3 为基准按以上步骤继续逼近，以后各次逼近均同于第三次的逼近方法，一直逼近到

$$|A_d-A_N|\leqslant 1''$$

停止逼近，这时的瞄准方位角和关机时间为

$$\begin{cases} A_{mz}=A_{mz}^N \\ t_K=t_K^N \end{cases}$$

应用以上迭代方法，可得

$$\begin{cases} A_{mz}=220°0'3.62'' \\ t_K=260.998\ \mathrm{s} \end{cases}$$

以此条件算得的部分诸元量见表 2-5。

表 2-5　关机特征值

名 称	符 号	数 值
一级关机特征值/(m·s^{-1})	Kw_1	3 791.5
二级关机特征值/(m·s^{-1})	Kw_2	9 436.5
三级关机特征值/(m·s^{-1})	Kw_3	9 734.9

由表 2-3 和表 2-5 可知不考虑扰动引力影响和考虑扰动引力影响诸元计算结果是不一样的。以两种诸元量确定零干扰弹道，其落点相对偏差为纵向－490.3 m、横向 12.9 m。

2.3 扰动引力对弹道导弹命中精度影响评定

采用各种外空扰动引力的计算方法计算导弹弹道上的扰动引力是存在着误差的，因而衡量扰动引力对弹道导弹落点的影响要同时确定扰动引力对落点准确度和密集度的影响。

2.3.1 扰动引力对落点准确度的影响

上面的分析没有考虑扰动引力的计算误差，计算的是扰动引力对落点准确度的影响。设采用某种方法计算外空扰动引力时，需要的测量值为 $g_1, g_2, \cdots, g_n$，导弹所处的位置为 X，当测量值没有误差时，则导弹扰动引力通过下式求得：

$$\delta \boldsymbol{g}_X = f_1(g_1, g_2, \cdots, g_n, X) \tag{2-26}$$

扰动引力对落点准确度的影响为

$$\left.\begin{aligned} \Delta L &= f_2\Big(\sum_{X\in f} \delta \boldsymbol{g}_X\Big) \\ \Delta H &= f_3\Big(\sum_{X\in f} \delta \boldsymbol{g}_X\Big) \end{aligned}\right\} \tag{2-27}$$

式中：f_2、f_3 分别为纵向偏差 ΔL 和横向偏差 ΔH 关于 $\sum_{X\in f} \delta \boldsymbol{g}_X$ 的函数；$\sum_{X\in f} \delta \boldsymbol{g}_X$ 表示弹道上各点的扰动引力；f 为弹道曲线。

2.3.2 扰动引力对落点密集度的影响

当测量值 $g_1, g_2, \cdots, g_n$ 存在误差时，扰动引力计算会存在误差，从而影响落点的分布。设测量值 $g_1, g_2, \cdots, g_n$ 误差服从正态分布，其标准差分别为 $\sigma_{g1}, \sigma_{g2}, \cdots, \sigma_{gn}$，每一个 $\sigma_{gi}(i = 1, 2, \cdots, n)$ 对落点分布的影响可采用蒙特卡洛方法求得，以 $(0, \sigma_{gi})$ 产生 M 组正态分布测量误差数据 $\sigma_{ij}(i = 1, 2, \cdots, n; j = 1, 2, \cdots, M)$，按式(2-26) 求取弹道上各点带有误差的扰动引力：

$$\delta \boldsymbol{g}^j x = f_1(g_1, g_2, \cdots, g_i + \sigma_{ij}, \cdots, g_n, X)\ (j = 1, 2, \cdots, M)$$

按式(2-27)算出 M 组落点偏差：

$$\left\{\begin{aligned} \Delta L_j &= f_2\Big(\sum_{x\in f} \delta \boldsymbol{g}^j x\Big) \\ \Delta H_j &= f_3\Big(\sum_{x\in f} \delta \boldsymbol{g}^j x\Big) \end{aligned}\right. \quad (j = 1, 2, \cdots, M)$$

落点偏差一般服从正态分布，因而根据 M 组落点偏差求得 $(0, \sigma_{g_i})$ 引起的落点分布为

$$\left\{\begin{aligned} \Delta \bar{L}_i &= \frac{\sum_{j=1}^{M} \Delta L_j}{M} \\ \Delta \bar{H}_i &= \frac{\sum_{j=1}^{M} \Delta H_j}{M} \end{aligned}\right.$$

$$
\begin{cases}
\sigma_{\Delta L}^{i} = \sqrt{\dfrac{\sum\limits_{j=1}^{M}(\Delta L_j - \Delta\bar{L}_i)^2}{M-1}} \\
\sigma_{\Delta H}^{i} = \sqrt{\dfrac{\sum\limits_{j=1}^{M}(\Delta H_j - \Delta\bar{H}_i)^2}{M-1}}
\end{cases}
$$

式中：$\Delta\bar{L}_i$ 和 $\Delta\bar{H}_i$ 为扰动引力对落点准确度的影响；$\sigma_{\Delta L}^{i}$ 和 $\sigma_{\Delta H}^{i}$ 为 σ_{g_i} 对落点密集度的影响。若各测量值是不相关的随机量，则根据误差合成理论知测量误差对落点密集度的影响为

$$
\begin{cases}
\sigma_{\Delta L} = \sqrt{\sum\limits_{i=1}^{n}(\sigma_{\Delta L}^{i})^2} \\
\sigma_{\Delta H} = \sqrt{\sum\limits_{i=1}^{n}(\sigma_{\Delta H}^{i})^2}
\end{cases}
$$

这里给出一个评估算例，选择的导弹射击条件同 2.2.1 节，应用斯托克斯积分法计算扰动引力时，采用大地水准面上的 1°×1° 的重力异常网格，且各网格的平均重力异常不相关，在发射点附近取 4 000 个。按上面的评估方法，若每个网格的平均重力异常标准差为 1 mgal，可求出扰动引力引起的射程标准差为 2.8 m；若每个网格的平均重力异常标准差为 5 mgal，可求出扰动引力引起的射程标准差为 26.6 m。

第 3 章　外空扰动引力高精度计算方法

随着精确制导时代的到来，扰动引力对弹道导弹命中精度的影响不容忽视，必须对弹道导弹弹道上的扰动引力进行精确计算，然后进行补偿，以提高弹道导弹的命中精度。本章将研究外空扰动引力的高精度计算方法，以实现扰动引力的高精度补偿。

3.1　扰动引力计算方法

弹道导弹扰动引力计算的常用方法有基于球谐函数理论的球谐函数展开法、基于斯托克斯理论的斯托克斯积分法和基于莫洛坚斯基理论的点质量法和单层密度法。下面将逐一进行阐述，分析各种方法的优劣。

3.1.1　球谐函数展开法

球谐函数展开法计算空间点扰动引力的实用公式如下：

$$\left.\begin{aligned}
\delta g_r &= -\frac{fM}{r^2}\sum_{n=2}^{N}(n+1)\left(\frac{a}{r}\right)^n\sum_{m=0}^{n}(\bar{C}_{nm}\cos m\lambda_s+\bar{S}_{nm}\sin m\lambda_s)\bar{P}_{nm}(\sin\varphi_s)\\
\delta g_e &= -\frac{fM}{r^2\cos\varphi_s}\sum_{n=2}^{N}\left(\frac{a}{r}\right)^n\sum_{m=0}^{n}m(\bar{C}_{nm}\sin m\lambda_s-\bar{S}_{nm}\cos m\lambda_s)\bar{P}_{nm}(\sin\varphi_s)\\
\delta g_n &= \frac{fM}{r^2}\sum_{n=2}^{N}\left(\frac{a}{r}\right)^n\sum_{m=0}^{n}(\bar{C}_{nm}\cos m\lambda_s+\bar{S}_{nm}\sin m\lambda_s)\frac{\mathrm{d}}{\mathrm{d}\varphi_s}\bar{P}_{nm}(\sin\varphi_s)
\end{aligned}\right\}\qquad(3-1)$$

式中：δg_r、δg_e、δg_n 为扰动引力在北东坐标系下各轴上的分量；N 为完全正常化勒让德函数的最高阶级；r、φ_s、λ_s 为计算点的地心距离、地心纬度、地心经度；fM 为地心引力常数；a 为椭球长半轴长；$\bar{C}_{nm}$、$\bar{S}_{nm}$ 为完全正常化勒让德函数系数；$\bar{P}_{nm}(\sin\varphi_s)$ 为完全正常化的球谐函数，可以递推求出。

$\bar{P}_{nm}(\sin\varphi_s)$ 的递推公式和导数公式如下：

$$\left.\begin{aligned}
\bar{P}_{00}(\sin\varphi_s)&=1\\
\bar{P}_{10}(\sin\varphi_s)&=\sqrt{3}\sin\varphi_s\\
\bar{P}_{11}(\sin\varphi_s)&=\sqrt{3}\cos\varphi_s
\end{aligned}\right\}\qquad(3-2)$$

$$\bar{P}_{nm}(\sin\varphi_s)=\begin{cases}0,\ n<m\\ \sqrt{\dfrac{2n+1}{2n}}\cos\varphi_s\bar{P}_{n-1,m-1}(\sin\varphi_s),n=m\\ \sqrt{\dfrac{4n^2-1}{n^2-m^2}}\sin\varphi_s\bar{P}_{n-1,m}(\sin\varphi_s)-\sqrt{\dfrac{2n+1}{2n-3}\dfrac{(n-1)^2-m^2}{n^2-m^2}}\times\\ \bar{P}_{n-2,m}(\sin\varphi_s),n>m\end{cases}\tag{3-3}$$

$$\frac{\mathrm{d}}{\mathrm{d}\varphi_s}\bar{P}_{nm}(\sin\varphi_s)=\sqrt{\frac{2n+1}{2n-1}(n^2-m^2)}\ \frac{1}{\cos\varphi_s}\bar{P}_{n-1,m}(\sin\varphi_s)-n\tan\varphi_s\bar{P}_{nm}(\sin\varphi_s)\tag{3-4}$$

由上述模型可以看出，用球谐函数展开法计算空间点扰动引力所用位系数的最高阶数 N 不太大时，所需已知数据量和计算工作量都不太大，且不需要使用很难获得的境外的实测重力数据。但是计算扰动引力的球谐函数展开法的计算工作量和计算精度与球谐函数阶数的取值有关。N 值越大(即取项数越多)，其扰动引力位就越接近于实际扰动引力位，扰动引力计算精度就越高，但其计算项数则随着 N 值的增大以 $(N+1)^2$ 的规律增加，因而计算工作量也随之增加。由于略去了球谐函数 N 阶以上的各高阶项，以及确定球谐位系数的偏差，导致用球谐函数展开法计算空间点的扰动引力存在一定误差。随着高度的增加，高阶截断误差随之减小，低空的高阶截断误差较大；随着阶数的增加，高阶截断误差也随之减小。目前现有的精度较好的重力位系数模型的最高阶可达到 1 000 多阶，但是现在模型实际精度很可靠的系数只有 100 阶左右，用这样的模型来计算数十千米高度上的扰动引力将会有较大的截断误差。因此，用球谐位系数模型不能准确确定低空点的扰动引力。

3.1.2　斯托克斯积分法

地球外部空间任意一点 $P(r,\varphi_s,\lambda_s)$ 的扰动引力在北东坐标系各轴上的分量为

$$\left.\begin{aligned}\delta g_r&=\frac{1}{4\pi}\int_\sigma\frac{\partial}{\partial r}S(r,\psi)\Delta g_\sigma\mathrm{d}\sigma\\ \delta g_e&=\frac{1}{4\pi r\cos\varphi_s}\int_\sigma\frac{\partial}{\partial\lambda}S(r,\psi)\Delta g_\sigma\mathrm{d}\sigma\\ \delta g_n&=\frac{1}{4\pi r}\int_\sigma\frac{\partial}{\partial\varphi_s}S(r,\psi)\Delta g_\sigma\mathrm{d}\sigma\end{aligned}\right\}\tag{3-5}$$

令

$$\left.\begin{aligned}S_1(r,\psi)&=\frac{\partial}{\partial r}S(r,\psi)\\ S_2(r,\psi)&=\frac{1}{r\cos\varphi_s}\frac{\partial}{\partial\lambda}S(r,\psi)\\ S_3(r,\psi)&=\frac{1}{r}\frac{\partial}{\partial\varphi_s}S(r,\psi)\end{aligned}\right\}\tag{3-6}$$

则有

$$\left.\begin{aligned}S_1(r,\psi)&=\frac{6\rho}{r^3}-\frac{1}{r^2}-\frac{r^2-R^2}{r\rho^3}-\frac{4}{\rho r}+\frac{R\cos\psi}{r^3}\left(13+6\ln\frac{r-R\cos\psi+\rho}{2r}\right)\\S_2(r,\psi)&=-\frac{\partial S(r,\psi)}{\partial\cos\psi}\frac{\cos\varphi_s^*}{r}\sin(\lambda_s-\lambda_s^*)\\S_3(r,\psi)&=\frac{\partial S(r,\psi)}{\partial\cos\psi}\frac{1}{r}[\cos\varphi_s\sin\varphi_s^*-\sin\varphi_s\cos\varphi_s^*\cos(\lambda_s-\lambda_s^*)]\end{aligned}\right\}\tag{3-7}$$

$$\frac{\partial S(r,\psi)}{\partial\cos\psi}=\frac{2rR}{r^3}+\frac{6R}{r\rho}-\frac{8R}{r^2}-\frac{3R}{r^2}\left(\frac{r-R\cos\psi-\rho}{\rho\sin^2\psi}+\ln\frac{r-R\cos\psi+\rho}{2r}\right)\tag{3-8}$$

于是可得

$$\left.\begin{aligned}\delta g_r&=\frac{1}{4\pi}\int_\sigma S_1(r,\psi)\Delta g_\sigma\mathrm{d}\sigma\\\delta g_e&=\frac{1}{4\pi}\int_\sigma S_2(r,\psi)\Delta g_\sigma\mathrm{d}\sigma\\\delta g_n&=\frac{1}{4\pi}\int_\sigma S_3(r,\psi)\Delta g_\sigma\mathrm{d}\sigma\end{aligned}\right\}\tag{3-9}$$

以上各式中：R 为球半径；r 为 P 点地心距离；ρ 为球面上面积元 $\mathrm{d}\sigma$ 到 P 点的距离；ψ 为面积元 $\mathrm{d}\sigma$ 与 P 点间对应的地心极角；φ_s、λ_s 为 P 点的地心纬度和经度；φ_s^*、λ_s^* 为面积元 $\mathrm{d}\sigma$ 的地心纬度和经度；$S(r,\psi)$、$S_1(r,\psi)$、$S_2(r,\psi)$、$S_3(r,\psi)$ 为斯托克斯函数；Δg_σ 为大地水准面重力异常。

从理论上讲，只要已知大地水准面重力异常值 Δg_σ 及其对应的地心经度和其他参数，应用式(3-9)便可计算地球外部空间扰动引力分量。但在工程计算中，积分式是通过分块求和的方法进行近似计算的。具体说来，就是将球面 σ 按经纬度网格分成若干小块面积 $\Delta\sigma_i(i=1,2,\cdots,n)$，已知每个小方块上的平均重力异常 $\Delta\bar{g}_{ij}$，先按式(3-9)计算每个小块面积 $\Delta\sigma_i$ 上的 $\delta g_{ij}(j=r,e,n)$，然后进行叠加，即

$$\left.\begin{aligned}\delta g_r&=\frac{R^2}{4\pi}\sum_{ij}\Delta\bar{g}_{ij}\left[\frac{\partial S(r,\psi)}{\partial r}\right]_i\sin\psi_i\Delta\psi_i\Delta\alpha_j\\\delta g_e&=-\frac{R^2}{4\pi r}\sum_{ij}\Delta\bar{g}_{ij}\left[\frac{\partial S(r,\psi)}{\partial\psi}\right]_i\sin\alpha_j\sin\psi_i\Delta\psi_i\Delta\alpha_j\\\delta g_n&=-\frac{R^2}{4\pi r}\sum_{ij}\Delta\bar{g}_{ij}\left[\frac{\partial S(r,\psi)}{\partial\psi}\right]_i\cos\alpha_j\sin\psi_i\Delta\psi_i\Delta\alpha_j\end{aligned}\right\}\tag{3-10}$$

式(3-10)即为斯托克斯积分法计算空间点扰动引力的实用公式。由上述讨论可知，斯托克斯积分法的计算公式是在把地面当作球面的前提下导出的。因此其只适用于较为平坦的地区。在平坦地区，用这种方法算得的扰动引力分量可以达到较好的精度，但是还需要有相当大范围和一定密度的地面实测重力数据。在运用相同地面数据的情况下，随着点位的升高，计算结果的精度也相应提高。另外，忽略所取范围以外的区域的数据影响，也会带来一定的计算误差。假设斯托克斯积分法计算公式中的积分区间只是在以 ψ_0 为半径的球帽内进行的，而球帽以外区域的影响作为误差处理，将远区影响误差表示为 δ_f，则取 $\psi_0=20°$，δ_f 全球均方值可以达到 6 mgal；当 $\psi_0=120°$ 时，此项误差仍有 2 mgal。然而如果积分区域太大，计算量会十分繁重。

3.1.3　点质量法

根据龙格定理，将近似地球表面外部的扰动位向下延拓到地球内部的一个球面上，可以用这个包含在地球内部的球面外部的调和函数来逼近地球外部实际扰动位，该球通常被称为布耶哈马球。

点质量法计算空间点引力异常是将产生引力异常的地球实际质量形象地视为均匀分布在无厚度、等密度且包含在地球内部的布耶哈马球球壳上的质点，使其地球外部任意一点的扰动引力位等于该点的实际扰动引力位。将均匀分布在布耶哈马球壳上的质量离散化为有限个具有一定质量的点，在这些质点的作用下产生的扰动引力位近似等价于实际扰动引力位。布耶哈马球是指采用解析延拓的思想，将地球表面的扰动引力位向下延拓直到地球内部球面面积为 σ 的一个球。设该球半径为 r，球外扰动引力位为 T^*，地球表面 Σ 和球面 σ 上同时满足调和函数第三边值条件关系式：

$$\left.\begin{aligned} -\left(\frac{\partial T^*}{\partial r}+\frac{2}{r}T^*\right)\bigg|_{\Sigma} &= \Delta g \\ -\left(\frac{\partial T^*}{\partial r}+\frac{2}{r}T^*\right)\bigg|_{\sigma} &= \Delta g^* \end{aligned}\right\} \tag{3-11}$$

式中：Δg^* 为 σ 表面上的虚拟重力异常；Δg 为地球表面 Σ 上的重力异常；r 为球外空间点 p 到地心的距离。

假设 σ 球面单层密度为 μ，地球引力常数为 f，球外空间点 p 至球面面积元 $\mathrm{d}\sigma$ 的距离为 ρ，根据单层扰动位理论，地球外点 p 的扰动位 T 的表达式为

$$T = T^* = f\int_{\sigma}\frac{\mu}{\rho}\mathrm{d}\sigma \tag{3-12}$$

扰动位对北东坐标系各轴求偏导，可以得到在三个轴方向上的扰动引力值为

$$\left.\begin{aligned} \delta g_r &= \sum_{j=1}^{N} q_1(r,\psi_j)M_j \\ \delta g_e &= \sum_{j=1}^{N} q_2(r,\psi_j)M_j \\ \delta g_n &= \sum_{j=1}^{N} q_3(r,\psi_j)M_j \end{aligned}\right\} \tag{3-13}$$

式中

$$\left.\begin{aligned} q_1(r,\psi_j) &= -\frac{r-R_{sj}\cos\psi_j}{\rho_j^3} \\ q_2(r,\psi_j) &= -\frac{R_{sj}}{\rho_j^3}\cos\varphi_{sj}^*\sin(\lambda_s-\lambda_{sj}^*) \\ q_3(r,\psi_j) &= \frac{R_{sj}}{\rho_j^3}\left[\cos\varphi_s\sin\varphi_{sj}^* - \sin\varphi_s\cos\varphi_{sj}^*\cos(\lambda_s-\lambda_{sj}^*)\right] \end{aligned}\right\} \tag{3-14}$$

$$\rho_j = (r^2+R_{sj}^2-2rR_{sj}\cos\psi_j)^{1/2}$$

$$\cos\psi_j = \cos\varphi_s\cos\varphi_{sj}^* + \sin\varphi_s\sin\varphi_{sj}^*\cos(\lambda_s-\lambda_{sj}^*)$$

式中：N 为小方块个数；r、φ_s、λ_s 为计算点 p 的地心距离、地心纬度、地心经度；ρ_j 为 质点M_j到计算点 p 的距离；R_{sj} 、φ_{sj}^* 、λ_{sj}^* 为地面下第 j 个点质量的地心距离、地心纬度、地心经度；ψ_j 为 r 与 R_{sj} 间的地心角。

点质量 M_j 可以由下面线性方程组求出：

$$\begin{bmatrix}\Delta g_1\\ \Delta g_2\\ \vdots\\ \Delta g_m\end{bmatrix}=A\begin{bmatrix}M_1\\ M_2\\ \vdots\\ M_m\end{bmatrix} \tag{3-15}$$

以上各式中

$$\left.\begin{aligned}&a_{ij}=\frac{r_i-R_{sj}\cos\psi_{ij}}{\rho_{ij}^3}-\frac{2}{r_i\rho_{ij}}\\&r_i=R+H_i\\&R_{sj}=R-D_j\\&\cos\psi_{ij}=\sin\varphi_{si}\sin\varphi_{sj}^*+\cos\varphi_{si}\cos\varphi_{sj}^*\cos(\lambda_{si}-\lambda_{sj}^*)\\&\rho_{ij}=\sqrt{r_i^2+R_{sj}^2-2r_iR_{sj}\cos\psi_{ij}}\end{aligned}\right\} \tag{3-16}$$

式中：r_i、φ_{si}、λ_{si} 为地面第 i 个重力异常点的地心距离、地心纬度、地心经度；R 为地球平均半径；H_i 为第 i 个重力异常点的高程；D_j 为第 j 个点质量的深度。

以各类平均异常（5°×5°,1°×1°,20′×20′,5′×5′,1′×1′）作为观测数据，建立点质量模型的步骤如下：

(1)以 5°×5°平均重力异常解出第一组点质量M_1；

(2)由 M_1 计算出 1°×1°方块中点处的重力异常 Δg_m ，并从 1°×1°平均重力异常中减去该值得到残差，以这组残差作为观测值解出第二组点质量 M_2；

(3)由 M_1、M_2 计算出 20′×20′方块中点处的重力异常 $\Delta g'_m$ ，并从 20′×20′平均重力异常中减去该值得到残差，以这组残差作为观测值解出第三组点质量 M_3；

用上述方法依次直至解到与 1′×1′残差重力异常相应的第五组点质量 M_5，每组点质量代表了重力异常场中的不同频域，这些点质量的叠加就构成了发射区的点质量模型。

以上是点质量法计算空间扰动引力的实用算法。点质量法的数学模型简单，便于计算。而且由于各小块的点质量可以预先计算，以供弹道和诸元计算时使用，因此其计算工作量小，计算速度快。另外，它还顾及地形起伏对扰动引力和点质量的影响问题，因此用点质量法计算扰动引力精度较高。但是，点质量法也进行了一系列的简化，使计算结果存在一定的误差。

3.1.4 单层密度法

对扰动引力进行计算的单层密度法与点质量法的思路相同，出发点与归宿相同，只是求解过程存在差异。布耶哈马方法求解莫洛坚斯基问题是用一个内部球上的虚拟重力异常的斯托克斯积分来逼近实际的扰动位；单层密度法是通过地面重力异常与球面虚拟重力异常满足泊松积分的关系实现这种逼近，其含义是将外部扰动位调和地延拓到内部球上。应用这一思想，根据位的等值性原理，完全可以将产生扰动的质量用地球内部的一球面单层代替。

如图 3-1 所示，σ 是半径为 R 的内部球层，球层的密度设为 k^*，Σ 为地球的物理表面，根据单层引力位的性质，球层对球外点的扰动引力位是调和函数，其表达式为

$$T^* = f\iint_\sigma \frac{k^*}{\rho}\mathrm{d}\sigma \tag{3-17}$$

式中：T^* 为球外扰动引力位；f 为引力常数；ρ 为球外点 p 至球面面积元的距离。

设 $\mu^* = 2\pi f k^*$，可得

$$T^* = \frac{1}{2\pi}\iint_\sigma \frac{\mu^*\mathrm{d}\sigma}{\rho} = \frac{R^2}{2\pi}\iint_\omega \frac{\mu^*\mathrm{d}\omega}{\rho} \tag{3-18}$$

式中：ω 为单位球面。

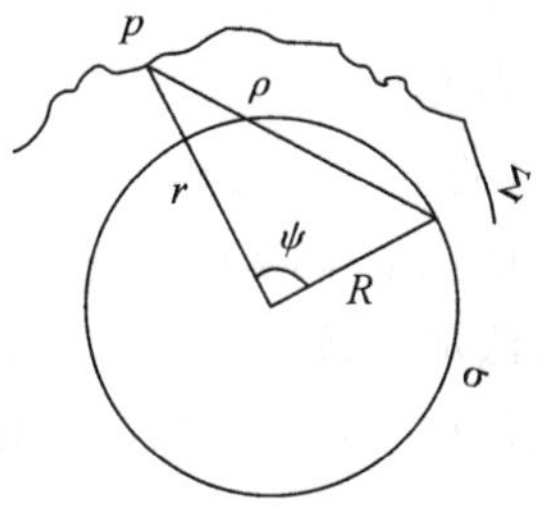

图 3-1　单层密度球层示意图

如果单层引力力位 T^* 与实际扰动位 T 在 Σ 上满足相同的边界条件：

$$-\frac{\partial T^*}{\partial r} - \frac{T^*}{2r}\bigg|_\Sigma = -\frac{\partial T}{\partial r} - \frac{T}{2r}\bigg|_\Sigma \tag{3-19}$$

把调和函数边值问题解的唯一性理论加以延伸，根据此原理，可得在地球表面 Σ 外部，有

$$T = T^* = \frac{R^2}{2\pi}\iint_\omega \frac{\mu^*\mathrm{d}\omega}{\rho} \tag{3-20}$$

令

$$\mu = -\frac{\partial T^*}{\partial r} - \frac{T^*}{2r}$$

根据重力异常、高程异常与扰动位的关系，有

$$-\frac{\partial T}{\partial r} - \frac{T}{2r} = \Delta g + \frac{3\gamma}{2r}\zeta \tag{3-21}$$

则有

$$\mu = \Delta g + \frac{3\gamma}{2r}\zeta \tag{3-22}$$

式中：Δg 和 ζ 为地面 Σ 上重力异常和高程异常的值。

因为 T^* 是 Σ 外部的调和函数，由以上关系式及调和函数的性质可知，$r\mu$ 也是 Σ 外部的调和函数，$r\mu$ 与 σ 面上的 $R\mu^*$ 满足泊松积分，即

$$\mu = \frac{R^2}{4\pi r}\iint_\omega \frac{r^2 - R^2}{\rho^3}\mu^*\mathrm{d}\omega \tag{3-23}$$

解积分方程式(3-23)可求得未知虚拟单层密度 μ^*，积分方程式可用迭代方法进行求解，求解过程在工程实现上还要考虑到内部球半径、数据区域范围的选择和离散化问题。因为积分是沿整个球面，而实践中只能用一定范围的数据。为此，以计算点为中心，将积分区域划

分为远区和近区。选择了适当的近区范围之后，忽略远区影响，便可由地面上的离散数据 $\mu=\Delta g+\frac{3\gamma}{2r}\zeta$ 迭代求出离散的虚拟单层密度值。进而得到空间点扰动引力在北东坐标系各轴上分量的计算公式为

$$\left.\begin{aligned}\delta g_r&=\frac{-R^2}{2\pi}\iint_\omega\frac{r-R\cos\psi}{\rho^3}\mu^*\mathrm{d}\omega\\\delta g_e&=\frac{R^2}{2\pi}\iint_\omega\frac{\sin\psi\sin\alpha}{\rho^3}\mu^*\mathrm{d}\omega\\\delta g_n&=\frac{R^2}{2\pi}\iint_\omega\frac{\sin\psi\cos\alpha}{\rho^3}\mu^*\mathrm{d}\omega\end{aligned}\right\}\tag{3-24}$$

式中：ψ 和 α 分别为待求点到流动点的角距和方位角。

单层密度法需要同时已知地面点的重力异常和高程异常，这两类数据的组合与虚拟单层密度之间由泊松积分相联系，从而保证扰动位向下调和延拓到单层球面上，并且可以通过迭代方式求解积分方程，而不是像点质量法那样按离散化的近似数值解来处理，减小了计算误差。但是通过上面的推导过程可知，其也存在一定的假设和简化。

3.2 扰动引力高精度计算建模

3.2.1 球谐函数展开与斯托克斯积分相结合

通过 3.1 节的分析可知球谐函数展开法在计算低空扰动引力时存在较大的高阶截断误差，而斯托克斯积分法也存在计算精度与所选积分区域大小存在矛盾的问题。为解决这一问题，本节讨论用两者结合的方法，使两者的不足都得到补充，从而得到比两种方法计算精度都高的新的计算模型。

解决这一问题较适宜的方法是球谐函数方法与球帽 ψ_0 以内的斯托克斯积分相结合。具体的方法是首先利用一定阶数 N 的位系数，计算出每一平均异常方块中点处的异常值：

$$\Delta g_s=\sum_{n=2}^{N}\Delta g_n$$

式中：$\Delta g_n=\gamma(n-1)\sum_{m=0}^{n}(\bar{C}_{nm}\cos m\lambda_s+\bar{S}_{nm}\sin m\lambda_s)\bar{P}_{nm}(\sin\varphi_s)$。

用测量得到的各平均异常值减去相应方块用上式计算得到的 Δg_s 得到残差 $\Delta g'$。这样扰动引力的 3 个分量就由球谐函数展开法计算公式求和到 N 阶再加上 $\Delta g'$ 在球帽 ψ_0 以内的斯托克斯积分两部分组成。在实际推求扰动引力时，第一部分可与正常重力同时计算，由于 $\Delta g'$ 只包含重力异常 N 阶以上的高阶项，故可忽略 ψ_0 以外远区域 $\Delta g'$ 的影响。

这种方法既考虑到了球谐函数展开法的高阶项截断误差，也充分考虑到了斯托克斯积分的远区截断误差和求和代替积分导致的误差，把高阶项截断误差再用斯托克斯积分法进行计算处理，提高了球谐函数展开法的计算精度，仅是对残差小量进行斯托克斯积分，忽略远区影

响带来的误差和小方块求和代替积分导致的误差都会减小。如果 N 取到 36 阶，ψ_0 取到 20°，此项计算误差会很大程度地减小。

根据上面的分析建模，其建模思路可以总结为，首先对已知模型的误差进行分析计算。在此基础上，对残差进行分析，结合误差因素的分析对模型进行合理的组合，充分发挥各自的计算优势，使各自的误差影响因素互相得到补偿，建立计算精度高于先前模型的新的组合模型。

3.2.2　残差点质量法模型

3.2.1 节通过球谐函数展开与斯托克斯积分的合理结合，减小了球谐函数展开法的高阶项截断误差和斯托克斯积分的远区截断误差及积分区域内的误差。由于计算空间扰动引力的点质量模型也是用离散的思想建立起来的，并且同样忽略了远区域的异常影响，存在一定的计算误差，所以也可按照上面的建模思路对其进行改进，下面推导建立残差点质量法模型。

残差点质量法模型的具体实现方案是，预先按球谐函数级数计算出各平均重力异常方块的数值：

$$\Delta g^s = \gamma \sum_{n=2}^{N} (n-1) \sum_{m=0}^{n} (\bar{C}_{nm} \cos m\lambda_s + \bar{S}_{nm} \sin m\lambda_s) \bar{P}_{nm} (\sin \varphi_s)$$

然后从原平均异常中减去 Δg_s 后，再按点质量方法的步骤进行，在发射首区以残差异常 $\Delta g - \Delta g^s$ 构成残差点质量模型。这里以球谐函数展开模型和各类平均异常（1°×1°，20′×20′，5′×5′）观测数据为例，构建残差点质量的步骤如下：

（1）用球谐函数展开模型计算 1°×1°平均异常 $\Delta \bar{g}^s_{1^\circ\times1^\circ}$，得残差观测值 $\Delta \bar{g}'_{1^\circ\times1^\circ} = \Delta \bar{g}_{1^\circ\times1^\circ} - \Delta \bar{g}^s_{1^\circ\times1^\circ}$，解方程组 $\Delta \bar{g}'_{1^\circ\times1^\circ} = \boldsymbol{A}_1^1 M_1$，得第一组点质量 M_1；

（2）用球谐函数展开模型计算 20′×20′ 平均异常 $\Delta \bar{g}^s_{20'\times20'}$，用第一组点质量 M_1 计算出 20′×20′ 方块中点处的平均异常 $\Delta \bar{g}^M_{20'\times20'} = \boldsymbol{A}_2^1 M_1$，得残差观测值 $\Delta \bar{g}'_{20'\times20'} = \Delta \bar{g}_{20'\times20'} - \Delta \bar{g}^s_{20'\times20'} - \Delta \bar{g}^M_{20'\times20'}$，解方程组 $\Delta \bar{g}'_{20'\times20'} = \boldsymbol{A}_2^2 M_2$，得第二组点质量 M_2；

（3）用球谐函数展开模型计算 5′×5′ 平均异常 $\Delta \bar{g}^s_{5'\times5'}$，用前两组点质量 M_1，M_2 计算出 5′×5′ 方块中点处的平均异常 $\Delta \bar{g}^M_{5'\times5'} = \boldsymbol{A}_3^1 M_1 + \boldsymbol{A}_3^2 M_2$，得残差观测值 $\Delta \bar{g}'_{5'\times5'} = \Delta \bar{g}_{5'\times5'} - \Delta \bar{g}^s_{5'\times5'} - \Delta \bar{g}^M_{5'\times5'}$，解方程组 $\Delta \bar{g}'_{5'\times5'} = \boldsymbol{A}_3^3 M_3$，得第三组点质量 M_3。

其中，系数矩阵 $\boldsymbol{A}_k^l = [a_{ij}]_k^l$，$a_{ij}$ 的计算公式与点质量模型中的相同。系数矩阵 $\boldsymbol{A}$ 的上角标 l 和下角标 k 分别表示 a_{ij} 的计算式中下标 j 的量用 l 组点质量的球坐标计算和下标 i 的量用 k 组平均异常的球坐标计算。若还需要更小方块的平均异常数据，可类似于上述步骤求出新的一组点质量。

各组点质量点位的设置可依照下面的原则进行：

（1）点质量应均匀分布在相应的球面上，为减小模型误差，点质量的数量应接近该组平均异常的数量。如两者相等，则观测场可得到完全的恢复，此时点质量保持相同于平均异常的等经、纬度间隔。

（2）各组点质量所位于的球面到平均地球半径的球面距离应与点质量的间距大致相同，以保证点质量求解的稳定性和对异常场逼近精度的均匀性。

这样的结果就是位系数与点质量的组合模型，扰动引力则按下式计算：

$$\begin{cases}\delta g_r = -\dfrac{fM}{r^2}\sum\limits_{n=2}^{N}(n+1)\left(\dfrac{a}{r}\right)^n\sum\limits_{m=0}^{n}(\bar{C}_{nm}\cos m\lambda_s + \bar{S}_{nm}\sin m\lambda_s)\bar{P}_{nm}(\sin\varphi_s) + \\ \qquad \sum\limits_{j=1}^{k} q_1(r,\psi_j)M_j \\ \delta g_e = -\dfrac{fM}{r^2\cos\varphi_s}\sum\limits_{n=2}^{N}\left(\dfrac{a}{r}\right)^n\sum\limits_{m=0}^{n}m(\bar{C}_{nm}\sin m\lambda_s - \bar{S}_{nm}\cos m\lambda_s)\bar{P}_{nm}(\sin\varphi_s) + \\ \qquad \sum\limits_{j=1}^{k} q_2(r,\psi_j)M_j \\ \delta g_n = \dfrac{fM}{r^2}\sum\limits_{n=2}^{N}\left(\dfrac{a}{r}\right)^n\sum\limits_{m=0}^{n}(\bar{C}_{nm}\cos m\lambda_s + \bar{S}_{nm}\sin m\lambda_s)\dfrac{\mathrm{d}}{\mathrm{d}\varphi_s}\bar{P}_{nm}(\sin\varphi_s) + \\ \qquad \sum\limits_{j=1}^{k} q_3(r,\psi_j)M_j \end{cases}$$

式中：k 是点质量的总数；其他符号与球谐函数展开法与点质量法计算模型中符号定义相同。

由于较浅层点质量代表的是较小方块的残差异常，它们反映的是局部扰动引力的高频影响，这种影响随高度增大衰减很快，所以在计算空间点扰动引力时，随计算点高度的增加依据一定精度可以逐渐去除较浅层的点质量，直至最后只用球谐函数展开模型计算。

3.2.3 残差单层密度法模型

单层密度法计算空间扰动引力的思想与点质量法计算思想相同，只是没有把积分方程按离散化的近似数值解处理，而是用迭代的方法得到了积分方程的近似解析解。对有限阶谱的重力场来说，单层密度相对重力异常更能充分反映重力场的变化，单层密度法有比点质量法更高的计算精度。因此沿用残差点质量法相同的思路，也可以对单层密度法进行改进，得到比残差点质量法更高精度的空间扰动引力值。

3.2.3.1 计算模型

与单层密度法相同，假定扰动位 T 是由一层分布在等效球面上的扰动质量所形成的。由式(3－18)，有

$$T = \frac{1}{2\pi}\iint_\sigma \frac{\mu\,\mathrm{d}\sigma}{\rho} = \frac{R^2}{2\pi}\iint_\omega \frac{\mu\,\mathrm{d}\omega}{\rho} \tag{3-25}$$

首先，对 μ 进行讨论，令

$$\mu = \sum_{n=0}^{\infty}\mu_n,\quad \mu_s = \sum_{n=0}^{s}\mu_n \tag{3-26}$$

则残差为

$$\Delta\mu = \mu - \mu_s = \sum_{n=s+1}^{\infty}\mu_n \tag{3-27}$$

这样残差 $\Delta\mu$ 可以用 μ 减去 μ_s（μ_s 为前 s 阶 μ_i 的和）得到。

下面对 μ_i 进行讨论，根据文献[152]有

$$\iint_{\omega}\mu_i P_n(\cos\psi)\mathrm{d}\omega=\begin{cases}\dfrac{4\pi}{2n+1}\mu_n, & i=n\\ 0, & i\neq n\end{cases}\tag{3-28}$$

经计算可得

$$\iint_{\omega}\mu P_n(\cos\psi)\mathrm{d}\omega=\frac{4\pi}{2n+1}\mu_n\tag{3-29}$$

根据球谐函数理论，有

$$\frac{1}{\rho}=\frac{1}{r}\sum_{n=0}^{\infty}\left(\frac{R}{r}\right)^n P_n(\cos\psi)\tag{3-30}$$

分别将式(3－29)和式(3－30)代入式(3－25)，可得

$$T=\frac{2R^2}{r}\sum_{n=0}^{\infty}\left(\frac{R}{r}\right)^n\frac{\mu_n}{2n+1}\tag{3-31}$$

将式(3－31)与球谐函数模型计算表达式比较可以求出 μ_i：

$$\left.\begin{aligned}&\mu_0=\mu_1=0\\&\mu_n=\frac{fM}{R^2}\frac{2n+1}{2}\left(\frac{a}{R}\right)^n U_n(n\geqslant 2)\end{aligned}\right\}\tag{3-32}$$

式中

$$U_n=\sum_{m=0}^{n}(\bar{C}_{nm}\cos m\lambda_s+\bar{S}_{nm}\sin m\lambda_s)\bar{P}_{nm}(\sin\varphi_s)$$

将式(3－32)代入式(3－26)，可得 μ 的计算式为

$$\mu=\frac{fM}{R^2}\sum_{n=2}^{\infty}\frac{2n+1}{2}\left(\frac{a}{R}\right)^n U_n\tag{3-33}$$

由于不能进行全球积分，又考虑到球谐函数展开法适于计算全球低阶积分的优势，所以这里先将球面 ω 分为近区 ω_0 和远区 ω_F，ω_0 是 $0\leqslant\psi\leqslant\psi_0$ 的区域，ω_F 是 $\psi_0<\psi<\pi$ 的区域，又将 μ 分为 μ_s 和 $\Delta\mu$，进而将扰动位分为三个部分进行计算：

$$T=T_s+\Delta T_0+\Delta T_F\tag{3-34}$$

式中：T_s 是低阶（s 阶以下）项在全球 ω 的积分；ΔT_0 是高阶（s 阶以上）项在近区 ω_0 的积分；ΔT_F 是高阶项在远区 ω_F 上的积分。具体计算式为

$$\left.\begin{aligned}T_s&=\frac{R^2}{2\pi}\iint_{\omega}\frac{\mu_s}{\rho}\mathrm{d}\omega\\ \Delta T_0&=\frac{R^2}{2\pi}\iint_{\omega_0}\frac{\Delta\mu}{\rho}\mathrm{d}\omega\\ \Delta T_F&=\frac{R^2}{2\pi}\iint_{\omega_F}\frac{\Delta\mu}{\rho}\mathrm{d}\omega\end{aligned}\right\}\tag{3-35}$$

由于 T_s 是球谐函数展开法只取 s 阶时的扰动位，所以根据球谐函数理论和计算模型可知：

$$T_s=\frac{R^2}{2\pi r}\sum_{n=0}^{s}\left(\frac{R}{r}\right)^n\frac{4\pi}{2n+1}\mu_n\tag{3-36}$$

将式(3－32)代入式(3－36)，可得该项扰动位的计算式为

$$T_s=\frac{fM}{r}\sum_{n=2}^{s}\left(\frac{a}{r}\right)^n U_n\tag{3-37}$$

为了推导 ΔT_0,ΔT_F 的计算式,引进分段函数:

$$\bar{M}(\psi)=\begin{cases}0, \psi \leqslant \psi_0 \\ \dfrac{r}{\rho}, \psi > \psi_0\end{cases} \tag{3-38}$$

将 $\bar{M}(\psi)$ 展开,可得

$$\bar{M}(\psi)=\begin{cases}0, & \psi \leqslant \psi_0 \\ \displaystyle\sum_{n=0}^{\infty}(n-1)q_n P_n(\cos\psi), & \psi > \psi_0\end{cases} \tag{3-39}$$

式中

$$q_n=\frac{2n+1}{2(n-1)}\int_{\psi_0}^{\pi}\frac{r\sin\psi}{\rho}P_n(\cos\psi)\mathrm{d}\psi \tag{3-40}$$

将式(3-39)代入式(3-35),可得

$$\Delta T_F=\frac{R^2}{2\pi r}\sum_{n=0}^{\infty}(n-1)q_n\iint_{\omega}\Delta\mu P_n(\cos\psi)\mathrm{d}\omega \tag{3-41}$$

式(3-41)中积分的部分,可以运用文献[152]中的知识得到与式(3-28)的结构相似的表达式:

$$\iint_{\omega}\Delta\mu P_n(\cos\psi)\mathrm{d}\omega=\begin{cases}\dfrac{4\pi}{2n+1}\mu_n, & n \geqslant s \\ 0, & n < s\end{cases} \tag{3-42}$$

将式(3-42)代入式(3-41),可得

$$\Delta T_F=2\frac{R^2}{r}\sum_{n=s+1}^{\infty}\frac{n-1}{2n+1}q_n\mu_n \tag{3-43}$$

将式(3-33)代入式(3-43),可得

$$\Delta T_F=\frac{fM}{r}\sum_{n=s+1}^{\infty}\left(\frac{a}{R}\right)^n U_n(n-1)q_n \tag{3-44}$$

根据式(3-40)可以计算出 q_n 的值,计算表明,q_n 随着 n 的增大递减得相当快,只要阶数 s 与近区 ψ_0 取得足够大,使得 $n \geqslant s$ 时,有 $q_n \approx 0$,便可以将 ΔT_F 略去不计。

由位函数公式求导可以得到扰动引力表达式为

$$\left.\begin{aligned}\delta g_{rs}&=-\frac{fM}{r^2}\sum_{n=2}^{s}(n+1)\left(\frac{a}{r}\right)^n\sum_{m=0}^{n}(\bar{C}_{nm}\cos m\lambda_s+\bar{S}_{nm}\sin m\lambda_s)\bar{P}_{nm}(\sin\varphi_s)\\ \delta g_{es}&=-\frac{fM}{r^2\cos\varphi_s}\sum_{n=2}^{s}\left(\frac{a}{r}\right)^n\sum_{m=0}^{n}m(\bar{C}_{nm}\sin m\lambda_s-\bar{S}_{nm}\cos m\lambda_s)\bar{P}_{nm}(\sin\varphi_s)\\ \delta g_{ns}&=\frac{fM}{r^2}\sum_{n=2}^{N}\left(\frac{a}{r}\right)^n\sum_{m=0}^{s}(\bar{C}_{nm}\cos m\lambda_s+\bar{S}_{nm}\sin m\lambda_s)\frac{\mathrm{d}}{\mathrm{d}\varphi_s}\bar{P}_{nm}(\sin\varphi_s)\end{aligned}\right\} \tag{3-45}$$

和

$$\left.\begin{aligned}\Delta\delta g_r&=-\frac{R^2}{2\pi}\iint_{\omega_0}\frac{r-R\cos\psi}{\rho^3}\Delta\mu\,\mathrm{d}\omega\\ \Delta\delta g_e&=\frac{R^2}{2\pi}\iint_{\omega_0}\frac{\sin\psi}{\rho^3}\Delta\mu\sin\alpha\,\mathrm{d}\omega\\ \Delta\delta g_n&=\frac{R^2}{2\pi}\iint_{\omega_0}\frac{\sin\psi}{\rho^3}\Delta\mu\cos\alpha\,\mathrm{d}\omega\end{aligned}\right\} \tag{3-46}$$

3.2.3.2 近区扰动引力的实际计算

采用残差单层密度法计算近区扰动引力时，需要把二重积分化成和式作数值计算。通常有两种方法，为了进一步提高残差单层密度法的计算精度，可选择适当的方法提高残差单层密度法在近区计算的精度。分别讨论两种方法如下。

1. 网格法

网格法取面积元素 $d\sigma = \cos\varphi d\varphi d\lambda$，并选 $d\varphi = d\lambda =$ 常值，记 $\Delta S = d\varphi d\lambda$，并假设：

(1)在 ΔS 内，μ 为常值；

(2)在 ΔS 内，F_γ 为常值。

可以得出实际计算公式为

$$\left.\begin{aligned} \Delta\delta g_r &= -\frac{\Delta S}{2\pi}\frac{R^2}{r^2}\sum_{i=1}^{n}\sum_{j=1}^{m}\mu_{ij}\cos\varphi_i F_\gamma(\psi_{ij}) \\ \Delta\delta g_e &= \frac{\Delta S}{2\pi}\frac{R^3}{r^2}\sum_{i=1}^{n}\sum_{j=1}^{m}\mu_{ij}\ \frac{\cos\varphi_i}{\rho_{ij}}B_{ij} \\ \Delta\delta g_n &= \frac{\Delta S}{2\pi}\frac{R^3}{r^2}\sum_{i=1}^{n}\sum_{j=1}^{m}\mu_{ij}\ \frac{\cos\varphi_i}{\rho_{ij}}A_{ij} \end{aligned}\right\} \tag{3-47}$$

式中

$$\begin{cases} F_\gamma(\psi_{ij}) = \dfrac{r^3 - Rr^2\cos\psi_{ij}}{\rho_{ij}^3} \\ \rho_{ij} = \sqrt{r^2 + R^2 - 2rR\cos\psi_{ij}} \\ \cos\psi_{ij} = \sin\varphi\sin\varphi_i + \cos\varphi\cos\varphi_i\cos(\lambda_i - \lambda) \\ B_{ij} = \cos\varphi\sin\varphi_i - \sin\varphi\cos\varphi_i\cos(\lambda_i - \lambda) \\ A_{ij} = \cos\varphi\sin(\lambda_i - \lambda) \\ \mu_{ij} = \mu(\varphi_i, \lambda_j) \end{cases}$$

假设(1)是合理的，因为通常重力异常资料就是这样给定的，假设(2)在原则上说也是合理的，如果 ΔS 可以取得充分小，则可以视 F_γ 为常值，但在实际计算中，ΔS 不能任意小，因为会产生误差。通过算例仿真计算可以得到，当 $\psi \geqslant 3°$ 时，取 $\Delta S = 1°\times 1°$，可以保证假设(2)成立；当 $\psi < 3°$ 时，需取 $\Delta S = 5'\times 5'$ 才能保证精度；对于低空(30 km 以下) $\psi < 1°$ 的情况，取 $\Delta S = 5'\times 5'$ 也不能满足精度要求。因此，网格法在低空 $\psi < 1°$ 时会产生很大的计算误差，有时甚至得出不合理的结果。

2. 模版法

模版法取面积元素 $d\sigma = \sin\psi d\psi d\alpha$，记 $t = R/r, D = \rho/r$。可以把积分公式化为求和形式：

$$\left.\begin{aligned} \Delta\delta g_r &= -t^2\sum_{j=0}^{m}\mu_r(\psi_j)E_\gamma(\psi_j) \\ \Delta\delta g_e &= t^3\sum_{j=0}^{m}\mu_e(\psi_j)E_\psi(\psi_j) \\ \Delta\delta g_n &= t^3\sum_{j=0}^{m}\mu_n(\psi_j)E_\psi(\psi_j) \end{aligned}\right\} \tag{3-48}$$

式中

$$\left.\begin{aligned}E_{\gamma}(\psi_j)&=\int_{\psi_j}^{\psi_j+\Delta\psi}F_{\gamma}\sin\psi\mathrm{d}\psi=\frac{t-x_i+1}{D_{j+1}}-\frac{t-x_j}{D_j}\\E_{\psi}(\psi_j)&=\int_{\psi_j}^{\psi_j+\Delta\psi}F_{\psi}\sin\psi\mathrm{d}\psi=\frac{1}{t\sqrt{t}}\ln\left(\frac{\sqrt{t}D_{j+1}+t\psi_{j+1}}{\sqrt{t}D_j+t\psi_j}\right)+\frac{1}{t}\left(\frac{\psi_j}{D_j}-\frac{\psi_{j+1}}{D_{j+1}}\right)\end{aligned}\right\}\tag{3-49}$$

$$\left.\begin{aligned}\mu_r(\psi_j)&=\frac{1}{n}\sum_{i=1}^{n}\mu(\alpha_i,\psi_j)\\\mu_e(\psi_j)&=\frac{1}{n}\sum_{i=1}^{n}\sin\alpha_i\mu(\alpha_i,\psi_j),n=\frac{2\pi}{\Delta\alpha}\\\mu_n(\psi_j)&=\frac{1}{n}\sum_{i=1}^{n}\cos\alpha_i\mu(\alpha_i,\psi_j)\end{aligned}\right\}\tag{3-50}$$

式(3-49)和式(3-50)中各量的计算式如下：

$$\left.\begin{aligned}F_{\gamma}&=\frac{1-t\cos\psi}{D_j^3}\\x_j&=\cos\psi_j\\D_j&=\sqrt{1+t^2-2tx_j}\\\psi_{j+1}&=\psi_j+\Delta\psi\\F_{\psi}&=\frac{\sin\psi}{D_j^3}\end{aligned}\right\}\tag{3-51}$$

为了使模版法的面积元素 $\Delta\alpha$，$\Delta\psi$ 小于网格法的面积元素 ΔS，$\Delta\alpha$ 与 $\Delta\psi$ 可按下式求取：

$$\left.\begin{aligned}\Delta\psi&\leqslant\sqrt{\Delta S}\\\Delta\alpha&\leqslant\frac{\sqrt{\Delta S}}{\psi}\end{aligned}\right\}\tag{3-52}$$

通常 $\Delta S\geqslant 5'\times 5'$，则可选 $\Delta\psi=5'$，此时 $\Delta\alpha$ 与 ψ 的关系见表 3-1。

表 3-1　$\Delta\alpha$ 与 ψ 的关系表

$\psi/(°)$	1	2	3	5	10	20
$\Delta\alpha/(°)$	4.8	2.4	1.6	0.96	0.48	0.24
n	75	150	225	375	750	1 500

表 3-2 给出了 $\psi\leqslant 1.5°$时的重力异常所产生的扰动引力值。两种方法的结果基本上一致。在 50 km 以上，两者完全吻合，其差值随高程减小而增大。当高程小于 10 km 时，两者的差值达到 2～4 mgal。显然低空时使用模版法可以减小计算误差。因此在计算扰动引力时，应该综合应用两种方法，即在 50 km 以下，$\psi\leqslant 3°$时，采用模版法，其他情况采用网格法。

表 3-2　低空点扰动引力值

高程/km	网格法/mgal			模版法/mgal		
	δg_r	δg_e	δg_n	δg_r	δg_e	δg_n
0.1	62.12	4.91	−2.57	66.27	6.53	−3.60

续　表

高程/km	网格法/mgal			模版法/mgal		
	δg_r	δg_e	δg_n	δg_r	δg_e	δg_n
0.5	62.18	4.91	−2.57	65.91	6.52	−3.59
2.0	62.23	4.67	−2.23	65.82	6.38	−3.59
5.0	61.85	4.81	−2.97	64.62	6.42	−3.37
10.0	63.01	4.62	−3.15	63.79	6.27	−2.90
20.0	61.98	3.74	−2.34	62.57	4.53	−2.35
30.0	60.34	3.02	−1.87	60.86	3.41	−1.89
40.0	56.59	1.93	−1.07	57.07	2.56	−1.04
50.0	53.17	1.47	0.54	53.41	1.13	0.53
60.0	47.87	0.91	1.24	47.79	0.73	1.24
70.0	42.97	0.69	0.89	42.98	0.54	0.87

3.2.3.3　精度分析

残差单层密度法实际上是球谐函数展开法与单层密度法计算优势相结合的一种方法，它避免了无穷项求和与全球积分的困难。由 s 阶球谐函数展开法求得的 $\delta \boldsymbol{g}_s$ 反映了一定范围内扰动引力的平均值，由单层密度法求得的近区残差 $\Delta\mu$ 产生的扰动引力 $\Delta\,\delta g$ 反映了局部重力异常的细微变化，是补偿 s 阶球谐函数展开法不足的一个修正项。残差单层密度法公式简单，计算快捷，该方法的计算公式比斯托克斯积分法简单得多，其计算量可以减小一半；残差单层密度法近区积分域较小，由该方法所需要的近区积分域 ψ_0 与对应的扰动引力可以看出，当 ψ_0 从 30°缩小为 15°～20°时，扰动引力只变化 0.2～0.5 mgal，因而该方法的 ψ_0 可采用 15°～20°，但是斯托克斯积分法的 ψ_0 一般要采用 25°～30°，这一点又使计算量减小一半。残差单层密度法和斯托克斯积分法两种方法在计算二重积分时，由于积分步长有限，都会产生计算误差。但是残差单层密度法二重积分所占的比例较小，因而计算误差较小。残差单层密度法与残差点质量法的思路基本一致，只是单层密度法是用迭代的方法得到了积分方程的近似解析解，而不是把积分方程按离散化的近似数值解处理。并且，由格网化的地面密度求得的虚拟单层密度比由相同格网化的地面重力异常求得的虚拟单层密度所包含的重力场信息更加丰富，单层密度法有比点质量法更高的计算精度，因此残差单层密度法有比残差点质量法更高的计算精度。残差单层密度法分别推导了低阶在全球的积分、高阶在近区的积分和高阶在远区的积分，充分考虑了影响误差的因素，既充分发挥了球谐函数适用低阶全球计算的特性，也充分发挥了斯托克斯积分与单层密度的优良性质，是这几种方法优势的结合模型，具有更高的计算精度，基本克服了现有方法低空计算误差过大的缺点。但是残差单层密度法所用的重力数据资料，除重力异常 Δg 之外，还必须利用高程异常 ζ，有时是不方便的。此外，在正式计算之前还必须先求出残差 $\Delta\mu$，也是比较烦琐的。

第4章 弹上扰动引力逼近算法

第3章研究了高精度的实用外空扰动计算方法，当所使用计算机为 Pentium 2.0G 时，400 个格网重力异常的斯托克斯法计算扰动引力的时间约为 21.413 ms，40 阶球谐函数法计算扰动引力的时间约为 2.095 ms，可知这些方法的计算量是很大的，是不能满足目前的弹载计算机实时计算要求的，因而弹上扰动引力的实时计算必须采用快速的扰动引力逼近算法。文献[123-124]提出了扰动引力的三次等距 B-样条插值逼近算法、有限元插值逼近算法。其中有限元插值逼近算法比较完善，计算时间短，逼近精度高，是一种非常有效的扰动引力插值逼近算法，但装定诸元量多。本章提出三种性能更加优良的弹上扰动引力逼近算法——BP 神经网络逼近算法、基于 Kriging 模型的逼近算法以及导弹主动段扰动引力的分段梯度法逼近，可以适应各种环境的作战需要。

4.1 扰动引力的神经网络逼近

神经网络具有处理复杂非线性系统问题的能力。基于 BP 算法的神经元网络是一种前馈型误差反传网络，这种网络通过许多具有简单处理能力的神经元的复合作用使网络具有复杂的非线性映射能力。这种非线性映射能力也可以用于扰动引力的逼近，可以对标准弹道上及其附近足够密的点的扰动引力进行学习训练，已训练好的网络对标准弹道附近各点的扰动引力具有一定的预测能力。选择 BP 神经网络进行扰动引力逼近是基于两个方面的考虑：一是只要网络设计合适，已训练好的网络在线实时计算量小，可在弹上实时计算扰动引力；二是已训练好的网络可能具有高精度的预测能力。但同时也带来一个大的问题——网络训练问题。网络训练作为诸元计算的一部分是有一定的时间限制的，要设计好的网络算法缩短训练时间，同时兼顾训练样本和逼近精度的合理分配，减轻网络训练负担。

下面将对 BP 神经网络逼近扰动引力进行详细的分析，与有限元插值逼近算法效果进行比较，并通过弹道验证其逼近精度是满足导弹的命中精度要求的。

4.1.1 BP 神经网络误差反传算法

BP 神经网络误差反传算法一般采用的是最速下降法，这种算法收敛很慢。因为扰动引力的逼近有时间限制，为了快速逼近，这里采用数值优化算法 Levenberg-Marquardt 算法，它是中等规模的多层神经网络训练算法中最快的一种。

4.1.1.1　Levenberg-Marquardt 算法

Levenberg-Marquardt 算法是牛顿法的变形，用以最小化那些作为其他非线性函数二次方和的函数。这非常适合于性能指数是均方误差的神经网络训练。其基本算法如下：

优化性能指数 $\boldsymbol{F}(\boldsymbol{x})$的牛顿法为

$$x_{k+1} = x_k - \boldsymbol{A}_k^{-1}\boldsymbol{g}_k \tag{4-1}$$

式中：$\boldsymbol{A}_k \equiv \left.\dfrac{\partial^2 \boldsymbol{F}(\boldsymbol{x})}{\partial \boldsymbol{x}^2}\right|_{x=x_k}$，$\boldsymbol{g}_k \equiv \left.\dfrac{\partial \boldsymbol{F}(\boldsymbol{x})}{\partial \boldsymbol{x}}\right|_{x=x_k}$。

如果假设 $\boldsymbol{F}(\boldsymbol{x})$是二次方函数之和，即

$$\boldsymbol{F}(\boldsymbol{x}) = \sum_{i=1}^{N} v_i^2(\boldsymbol{x}) = \boldsymbol{v}^{\mathrm{T}}(\boldsymbol{x})\boldsymbol{v}(\boldsymbol{x}) \tag{4-2}$$

则第 j 个梯度分量为

$$\left[\frac{\partial \boldsymbol{F}(\boldsymbol{x})}{\partial \boldsymbol{x}}\right]_j = \frac{\partial \boldsymbol{F}(\boldsymbol{x})}{\partial x_j} = 2\sum_{i=1}^{N} v_i(\boldsymbol{x})\,\frac{\partial v_i(\boldsymbol{x})}{\partial x_j}$$

因此梯度可以写成矩阵形式：

$$\frac{\partial \boldsymbol{F}(\boldsymbol{x})}{\partial \boldsymbol{x}} = 2\boldsymbol{J}^{\mathrm{T}}(\boldsymbol{x})\boldsymbol{v}(\boldsymbol{x})$$

式中

$$\boldsymbol{J}(\boldsymbol{x}) = \begin{bmatrix} \dfrac{\partial v_1(\boldsymbol{x})}{\partial x_1} & \dfrac{\partial v_1(\boldsymbol{x})}{\partial x_2} & \cdots & \dfrac{\partial v_1(\boldsymbol{x})}{\partial x_n} \\ \dfrac{\partial v_2(\boldsymbol{x})}{\partial x_1} & \dfrac{\partial v_2(\boldsymbol{x})}{\partial x_2 x} & \cdots & \dfrac{\partial v_2(\boldsymbol{x})}{\partial x_n} \\ \vdots & \vdots & & \vdots \\ \dfrac{\partial v_N(\boldsymbol{x})}{\partial x_1} & \dfrac{\partial v_N(\boldsymbol{x})}{\partial x_2} & \cdots & \dfrac{\partial v_N(\boldsymbol{x})}{\partial x_n} \end{bmatrix}$$

$\boldsymbol{J}(\boldsymbol{x})$为雅可比矩阵。

以 $\dfrac{\partial^2 \boldsymbol{F}(\boldsymbol{x})}{\partial \boldsymbol{x}^2} \approx 2\boldsymbol{J}^{\mathrm{T}}(\boldsymbol{x})\boldsymbol{J}(\boldsymbol{x})$ 代入式(4-1)可得

$$x_{k+1} = x_k - [\boldsymbol{J}^{\mathrm{T}}(x_k)\boldsymbol{J}(x_k)]^{-1}\boldsymbol{J}^{\mathrm{T}}(x_k)\boldsymbol{v}(x_k)$$

此为高斯-牛顿算法，为了保证矩阵 $\boldsymbol{J}^{\mathrm{T}}(\boldsymbol{x})\boldsymbol{J}(\boldsymbol{x})$ 可逆，将上式改进为

$$x_{k+1} = x_k - [\boldsymbol{J}^{\mathrm{T}}(x_k)\boldsymbol{J}(x_k) + \mu_k\boldsymbol{I}]^{-1}\boldsymbol{J}^{\mathrm{T}}(x_k)\boldsymbol{v}(x_k) \tag{4-3}$$

此即为 Levenberg-Marquardt 算法。

这个算法的一个非常有用的特点是，当 μ_k 增加时，它接近于有小的学习速度的最速下降算法：

$$x_{k+1} \approx x_k - \frac{1}{\mu_k}\boldsymbol{J}^{\mathrm{T}}(x_k)\boldsymbol{v}(x_k) = x_k - \frac{1}{2\mu_k}\frac{\partial \boldsymbol{F}(x_k)}{\partial x_k}\ (\text{对于大的}\ \mu_k)$$

当 μ_k 下降到 0 的时候，算法变成了高斯-牛顿算法。

算法开始是 μ_k 取小值。如果某一步不能减少 $\boldsymbol{F}(\boldsymbol{x})$值，则将 μ_k 乘以一个因子 $\theta > 1$ 后再重复这一步。最后 $\boldsymbol{F}(\boldsymbol{x})$会下降，因为使用最速下降方向的一小步。如果某一步产生了更小的 $\boldsymbol{F}(\boldsymbol{x})$，则 μ_k 在下一步被除以 θ，这样算法就接近于高斯-牛顿算法，该方法能提高收敛速

度。这个算法可提供牛顿法的速度和保证的最速下降法之间的一个折。

4.1.1.2 Levenberg-Marquardt 算法在 BP 网络中的应用

现将 Levenberg-Marquardt 算法应用于 BP 多层网络训练问题。多层网络训练问 题的性能指数是均方误差。如果每一个目标以相同的概率出现，均方误差为训练集中所有 Q 个目标的二次方误差之和，即

$$\boldsymbol{F}(\boldsymbol{x})=\sum_{q=1}^{Q}(\boldsymbol{t}_q-\boldsymbol{a}_q)^{\mathrm{T}}(\boldsymbol{t}_q-\boldsymbol{a}_q)=\sum_{q=1}^{Q}\boldsymbol{e}_q^{\mathrm{T}}\boldsymbol{e}_q=\sum_{q=1}^{Q}\sum_{j=1}^{S_M}(e_{j,q})^2=\sum_{i=1}^{N}v_i^{\ 2}$$

式中：$e_{j,q}$ 是第 q 个输入/目标对的误差的第 j 项元素；$\boldsymbol{t}_q$ 是目标向量；$\boldsymbol{a}_q$ 是输出向量；Q 是训练的数据组数。上式等价于式(4－2)。因而误差向量为

$$\boldsymbol{v}^{\mathrm{T}}=[v_1\quad v_2\quad\cdots\quad v_N]=[e_{1,1}\quad e_{2,1}\quad\cdots\quad e_{S^M,1}\quad e_{1,2}\quad\cdots\quad e_{S^M,Q}]$$

参数向量为

$$\boldsymbol{x}^{\mathrm{T}}=[x_1\quad x_2\quad\cdots\quad x_n]=[w_{1,1}^1\quad w_{1,2}^1\quad\cdots\quad w_{S^1,R}^1\quad b_1^1\quad\cdots\quad b_{S^1}^1\quad w_{1,1}^2\quad\cdots\quad b_{S^M}^M]$$

其中：$N=QS^M$；$n=S^1(R+1)+S^2(S^1+1)+\cdots+S^M(S^{M-1}+1)$ ；R 为输入层节点数；M 为除输入层外的神经网络层数；S^M 为第 M 层的节点数。$\boldsymbol{x}$ 向量的元素为网络的权值和间值，其元素上标为网络层数序号。从而可以计算出雅可比矩阵 $\boldsymbol{J}(\boldsymbol{x})$，按式(4－3)进行误差反传计算，进行神经网络训练。

4.1.2 用于扰动引力逼近的 BP 神经网络构建

弹道导弹的扰动引力是导弹位置的函数，它是一个小量，一般用 10^{-5} m/s^2 量级来计量。用于扰动引力逼近的神经网络，输入量为位置的三个分量，输出为扰动引力的三个分量。因此扰动引力要达到 1 mgal 的逼近精度，优化性能指数必须满足 $F(\boldsymbol{x})<10^{-10}$。可见要求是苛刻的，神经网络训练要达到这样的指标是耗时的。经过多组算例验证，选择几百组的训练数据，采用误差反传算法最速下降法进行训练，需要两周以上的训练时间，这显然是不符合诸元计算的时间限制的。因此采用误差反传算法 Levenberg-Marquardt 算法进行神经网络训练，但是这种算法对网络初值的要求很高，初值选择不当，很容易达到局部最小。网络初值的选择一般采用随机数，经过多组算例验证，同时逼近扰动引力的三个分量，虽然训练速度快，但随机产生的网络初值根本逼近不到需要达到的指标精度，当然可以采用遗传算法优化网络权值，但其耗时多，不适于扰动引力的神经网络训练。在找不到合适网络初值的情况下，为了解决这个问题，尝试采用三套神经网络分别对扰动引力的三个分量进行逼近，经过后面的算例分析验证，这种方法是可行的。

4.1.2.1 神经网络隐层层数选择和隐层节点数选择

采用单隐层神经网络，若输入层节点数为 N，隐含层节点数一般选为 $2N+1$，这可实现任何函数的逼近。但是因为采用 Levenberg-Marquardt 算法，网络初值随机产生，随着训练样本的增加，经过多组算例验证，逼近扰动引力分量，隐含层需要采用 $2N+1$ 个以上的节点数才可以达到需要的逼近精度，才不致发散。可是这样就增加了弹上网络诸元的存储量，也会增加网

络的训练时间。因此采用双隐层神经网络，两个隐层的节点数比一般选为 3∶1，可达到良好的训练效果。但是考虑到弹上的存储量和计算速度都是有限的，把两个隐层的节点数都选为 4，经过后面的算例分析验证，这样可以快速地训练到需要的逼近精度，也不会影响导弹弹上扰动引力的计算速度。因此设计的神经网络结构示意图如图 4－1 所示。

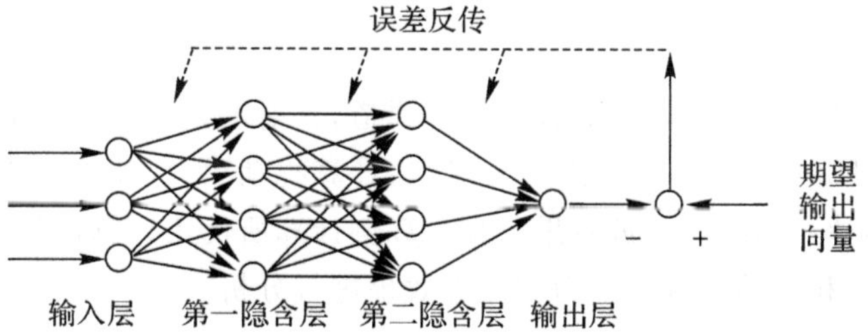

图 4－1　双隐层 BP 神经网络结构图

4.1.2.2　节点激发函数的选取和雅可比矩阵的求法

由于扰动引力的大小都在[－1,1]内，且绝对值最大都不超过 10^{-3} m/s^2，因而第一、二隐含层节点的激发函数可选为

$$f(x)=\frac{2}{1+\exp(-x-b)}-1$$

输出层的激发函数选为

$$f(x)=\left[\frac{2}{1+\exp(-x-b)}-1\right]/10$$

式中：b 为网络阈值。

设计的双隐层 BP 神经网络为：$R=3$；$M=3$；$S^1=4$；$S^2=4$；$S^3=1$；Q 为训练数，仿真时根据不同情况取样。从而雅可比矩阵 $\boldsymbol{J}(\boldsymbol{x})$ 中各元素的求法如下：

$$\begin{cases}\dfrac{\partial e_{k,q}}{\partial w_{j,k}^{3,q}}=-f'_k(net_k^q)O_{j,q}\\ \dfrac{\partial e_{k,q}}{\partial b_k^{3,q}}=-f'_k(net_k^q)\\ \dfrac{\partial e_{k,q}}{\partial w_{i,j}^{2,q}}=-f'_j(net_j^q)f'_k(net_k^q)w_{j,k}^{3,q}O_{i,q}\\ \dfrac{\partial e_{k,q}}{\partial b_j^{2,q}}=-f'_j(net_j^q)f'_k(net_k^q)w_{j,k}^{3,q}\\ \dfrac{\partial e_{k,q}}{\partial w_{h,i}^{1,q}}=-f'_i(net_i^q)\sum\limits_j\left[w_{i,j}^{2,q}f'_j(net_j^q)w_{j,k}^{3,q}\right]f'_k(net_k^q)O_{h,q}\\ \dfrac{\partial e_{k,q}}{\partial b_i^{1,q}}=-f'_i(net_i^q)\sum\limits_j\left[w_{i,j}^{2,q}f'_j(net_j^q)w_{j,k}^{3,q}\right]f'_k(net_k^q)\end{cases}$$

式中：e 代表误差；w 代表权值；b 代表阈值；O 代表输出，f 是各层的激发函数；net 是各层的输入。上、下标中：$'$代表求导；q 代表 Q 组训练数中的第 q 组训练；h 代表 输入层的第 h 个节点；i 代表第一隐含层的第 i 个节点；j 代表第二隐含层的第 j 个节点；k 代表输出层的第 k 个节点；1 代表第一隐含层；2 代表第二隐含层；3 代表输出层。

4.1.3 仿真算例

下面给出一个算例，验证一下设计的扰动引力分量的双隐层 BP 神经网络的逼近效果。首先给定算例条件。

4.1.3.1 算例条件

选择射程约为 7 300 km 的一种导弹的标准弹道，其射击条件同 2.2.1 节。由于缺少导弹主动段的扰动引力计算数据，所以采用球谐函数法计算扰动引力，球谐函数系数来自 GEM94。以此为标准，不影响神经网络的逼近效果研究。算例计算所使用计算机为 Pentium 2.0G。下面分别对导弹主动段和被动段扰动引力的逼近效果进行分析。

4.1.3.2 逼近效果分析

取导弹标准弹道附近的发射点经纬度分别相差 1′的四条弹道和标准弹道共五条弹道的扰动引力数据进行研究。首先对被动段扰动引力进行逼近分析。输入层取位置的三个分量经纬度和高程，以 2 s 为间隔取五条弹道的与位置对应的扰动引力数据共 2 985 组作为训练数据，性能指数取 $F(\boldsymbol{x})<10^{-10}$，$\mu=0.01$，当 $F(\boldsymbol{x})>10^{-6}$ 时，因子 $\theta=2.0$；当 $10^{-6}\geqslant F(\boldsymbol{x})>10^{-9}$ 时，因子 $\theta=1.1$；当 $F(\boldsymbol{x})\leqslant 10^{-9}$ 时，因子 $\theta=1.01$。用三套神经网络对扰动引力的三个分量分别进行训练，训练时，对输入量先规范化，即按参数变化区间的相对位置，将参数转换为 0 ～ 1 之间的数值，然后进行归一化处理。

经实践，训练时间均为 6 min 左右，发射点经纬度偏差取得越大，训练越耗时，但都不会超过 8 min，主要看关机点参数有偏差时的弹道扰动引力的逼近效果。

以关机点发射坐标系下 x 轴速度偏差为例，当 x 轴速度偏差值为 10 m/s 以下时，逼近的扰动引力与球谐函数计算的扰动引力相比偏差绝对值最大不超过 1 mgal；当 x 轴速度偏差值为 20 m/s 时，逼近的扰动引力与球谐函数计算的扰动引力相比偏差绝对值最大不超过 1.5 mgal，其逼近效果如图 4－2 所示。图中，$\Delta\delta g_x$，$\Delta\delta g_y$，$\Delta\delta g_z$ 分别扰动引力在发射坐标系下的三个分量神经网络逼近误差。x 轴速度偏差值再增大时，逼近的扰动引力偏差绝对值会继续增大，但很慢。实际中 x 轴速度偏差值最大也就 20 m/s 左右。

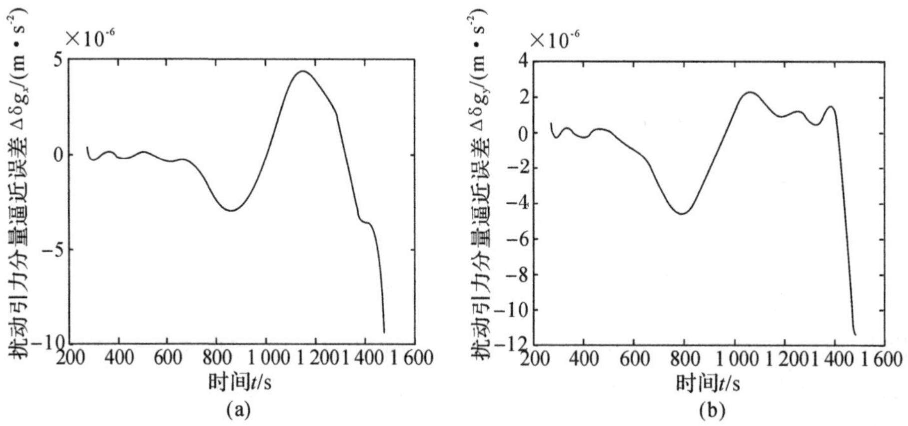

图 4－2　x 轴速度偏差＋20 m/s 时被动段扰动引力的逼近图

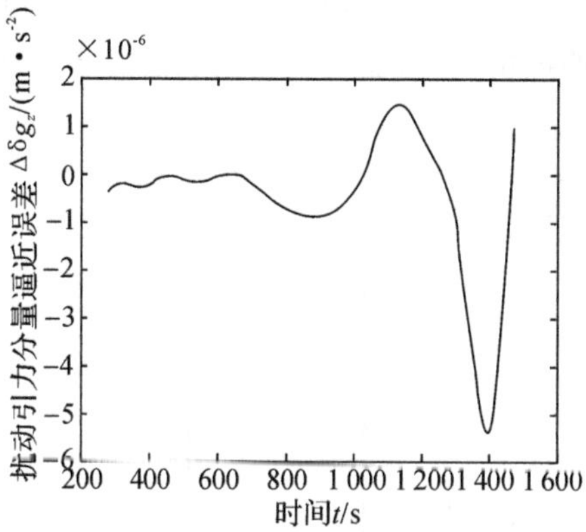

(c)

续图 4－2　x 轴速度偏差＋20 m/s 时被动段扰动引力的逼近图

被动段扰动引力神经网络逼近与球谐函数法计算相比所产生的落点偏差大小见表 4－1。关机点参数偏差为实际中可能出现的最大偏差。

表 4－1　扰动引力神经网络逼近产生的落点偏差

落点偏差	x 轴速度偏差									
	5 m/s		10 m/s		20 m/s		30 m/s		40 m/s	
	－	＋	－	＋	－	＋	－	＋	－	＋
纵向偏差/m	0.14	－0.19	2.35	－0.32	－1.25	－0.52	5.35	－0.59	－0.20	－0.51
横向偏差/m	－0.05	－0.12	－0.04	－0.15	0.07	－0.20	0.10	－0.24	0.23	－0.27
落点偏差	关机点参数偏差									
	y 轴速度偏差 30 m/s		z 轴速度偏差 20 m/s		x 轴位置偏差 2 000 m		y 轴位置偏差 2 000 m		z 轴位置偏差 1 000 m	
	－	＋	－	＋	－	＋	－	＋	－	＋
纵向偏差/m	2.45	－1.79	－0.01	－0.04	0.14	－0.21	0.23	－0.29	－0.03	－0.04
横向偏差/m	0.23	－0.38	－0.06	－0.11	－0.06	－0.11	－0.06	－0.11	－0.08	－0.09

对于主动段的扰动引力神经网络逼近，高程以 1 km 为间隔取五条弹道的与位置对应的扰动引力数据共 1 245 组作为训练数据，性能指数要求同上，经实践，训练时间均为 1 min 左右。主动段的扰动引力神经网络逼近主要是看足够大的干扰情况下的逼近效果，取的干扰产生的落点偏差为：纵向偏差为－3 977.143 m，横向偏差为－9 344.212 m，其逼近效果如图 4－3 所示。主动段扰动引力神经网络逼近与球谐函数法计算相比所产生的落点偏差大小为：纵向偏差为 0.406 m，横向偏差为－0.919 m。取其他小的干扰时也有类似的逼近效果。

4.1.3.3　弹上扰动引力神经网络计算实现分析

每套神经网络权值和阈值都为 41 个，三套神经网络共 123 个，即弹上要装定网络诸元 123 个。相对于有限元插值算法装定的诸元少得多，但是在上面的算例中其逼近比有限元插值算法相比精度稍差。但对目前弹道导弹的制导来说，扰动引力神经网络逼近精度完全满足要求。并且有限元插值算法外推精度差，而神经网络逼近并不限于内插和外推。

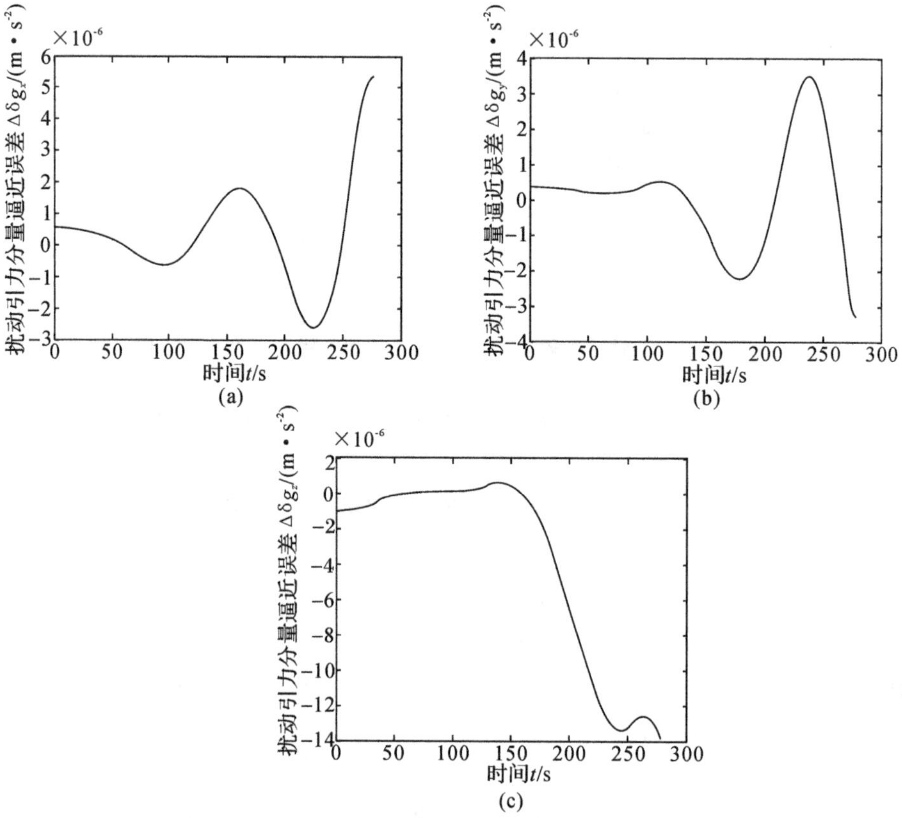

图 4-3 主动段扰动引力逼近图

扰动引力神经网络的训练可以在地面训练，地面诸元准备时间一般不超过 30 min，扰动引力神经网络的训练时间完全满足要求。利用已经训练好的网络在给定的计算机上进行一个点位的扰动引力计算，其计算时间不超过 0.06 ms，以这样的速度在弹上是可以实时计算的，比有限元插值算法的计算时间少。

神经网络逼近的特点是：训练数据越多，性能指数要求越高，逼近的精度就会越高。但是这是以消耗训练时间为代价的。只要满足地面诸元准备时间要求，训练数据还可增多，性能指数要求还可提高，其逼近精度不会比有限元插值精度差。

由给出的算例可以看出，所设计的神经网络对扰动引力的逼近效果是好的，在弹上也是可以实现计算的，但要达到更高的精度，必须要取更多的弹道及其弹道点训练数据，性能指数的要求也得相应地提高，这样也会花费更多的训练时间。为了增强弹道导弹的机动性，地面诸元准备时间会变得很短，限制了扰动引力神经网络的训练时间，当神经网络的训练时间不能满足要求时，扰动引力的神经网络逼近算法就不能应用在此环境下。

4.2　基于克里金模型弹上扰动引力的快速逼近

4.2.1　克里金方法概述

克里金(Kriging)方法是一种无偏、方差最小的空间估值方法,以空间结构分析为基础进行估值,假定空间随机变量具有二阶平稳性或者满足空间统计的本征假设,距离较近的采样点比距离远的采样点更相似,相似的程度或空间协方差的大小,是通过点对点的平均方差来度量的。样本中点与点之间差异的方差大小只与采样点间的距离有关,而与它们的绝对位置无关。预测点的值是根据观测点属性值的加权函数来表示的,在估值过程中可以反映空间场的各向异性,并且充分利用数据点之间的空间相关性。几种数值逼近算法的计算速度和计算精度的对比情况见表 4－2。

表 4－2　几种插值方法的对比表

方　法	性　质			
	逼近程度	外推能力	运算速度	使用范围
趋势面法	不高	强	很快	不宜做精确的等值线
距离反比加权法	分布均匀时好	很差	快	分布均匀
最近邻点插值法	不高	强	很快	分布均匀
三角网线性插值法	高	差	慢	分布均匀
样条函数法	不高	强	快	分布密集的情况下
克里金方法	高	很强	慢	均可,使用性广

由表 4－2 中可以看出,克里金方法是一种高精度的数值逼近方法,缺点是计算速度较慢。克里金方法用于弹道导弹扰动引力的逼近旨在提高扰动引力的逼近精度,但弹载计算机的计算能力要求数值逼近要有高的计算速度。事实上,克里金方法模型中的绝大部分参数计算可在地面诸元计算时完成,射前装定在弹上即可,克里金方法弹上实时计算部分,只要设计合适是可以实现弹上计算的。下面阐述克里金方法及利用克里金方法快速逼近弹上扰动引力的方案。

4.2.2　克里金模型

克里金模型包含线性回归部分和非参数部分两个部分,其中的非参数部分被视作随机过程的实现。假设随机过程服从高斯分布,其中协方差矩阵的系数可以通过最大似然估计法确定。线性回归的不同选择对所模拟模型的性质没有很大的影响。

克里金模型在某一点进行模拟要借助于在这一点周围的已知参数的信息,即通过对这一点一定范围内的信息加权的线性组合来估计这一点的未知信息。加权选择则是通过最小化估计值的误差方差来确定的。克里金模型不仅可以改善拟合度，而且可以提高预测能力，对于相同的样本，克里金模型对相应变量观察值的估计是一样的。克里金模型包含简单克里金模型和经验克里金模型两种，下面分别进行介绍。

4.2.2.1 简单克里金模型

克里金模型的一般形式可以表示成如下形式：

$$y(x)=\sum_{j=1}^{q}\beta_j f_j(x)+z(x)$$

式中：$f_j((x)$ 是一组已知的基函数；β_j 是未知的需要估计的系数；$z(x)$ 是一个平稳的随机函数，均值 $E[z(x)]=0$，方差为

$$\mathrm{Cov}\,[z(x_i),z(x_k)]=\sigma_z^2 R(x_i,x_k)$$

式中：σ_z^2 是未知的方差；R 是包含一些未知参数的相关函数。相关函数的选择取决于这个模型将要拟合的数据的分布形式。不同的相关函数对点 x_i 到点 x_k 的平滑程度是不一样的。最常用的相关函数的定义为

$$R(x_i,x_k)=\prod_{j=1}^{p}\exp\left(-\theta_j\left|x_{ij}-x_{kj}\right|^{\gamma_j}\right) \tag{4-4}$$

式中：$\theta_j>0,0<\gamma_j\leqslant 2$。$\theta_j$、$\gamma_j$ 为 未知参数，参数 θ_j 强调了样本点之间的相关程度，对于较大的 θ 值，只有当两点的距离足够小时，两点之间才相关。同样对于较小的 θ 值，即使两个样本点离开得很远，它们之间的相互关系也有可能很强。参数 γ_j 是相关函数平滑度的度量。γ_j 的值越大，函数就越平滑。当 x_i 和 x_k 两点的距离不断增加时，每个相关函数的值就会接近于零。这个现象表明，一个样本点对另一个样本点的影响依赖于这两个样本点之间的距离。克里金模型还有一个很重要的性质就是它是一个插值函数，当 $R(x_i,x_k)=1$ 时，函数曲线就会直接穿过每一个样本点。

1. 预测公式的推导

如果考虑用克里金模型来拟合一组数据 $\{y_i,x_i,i=1,2,\cdots,n\}$，则这个模型还可以写成矩阵的形式：

$$\boldsymbol{y}=\boldsymbol{F\beta}+\boldsymbol{z}$$

式中

$$\boldsymbol{F}=\begin{bmatrix}f'(x_1)\\ f'(x_2)\\ \vdots\\ f'(x_n)\end{bmatrix},\boldsymbol{f}(x)=[f_1(x)\quad f_2(x)\quad\cdots\quad f_n(x)]'$$

$$\boldsymbol{\beta}=[\beta_1\quad\beta_2\quad\cdots\quad\beta_q]',\boldsymbol{z}=[z(x_1)\quad z(x_2)\quad\cdots\quad z(x_n)]'$$

式中：$\boldsymbol{F}$ 为样本自变量构成的矩阵；$\boldsymbol{\beta}$ 为待估计的参数向量。

克里金预测模型是一种无偏、方差最小的空间估值方法，这就需要一个判断预测误差的准则和一个确保无偏的条件。假定 $\boldsymbol{y}$ 的线性预测是 $\boldsymbol{c}'\boldsymbol{y}$，那么在 $E(\boldsymbol{z})=0$ 的条件下，要使 $\boldsymbol{c}'\boldsymbol{y}$ 是一个线性的无偏预测，就要求 $E(\boldsymbol{c}'\boldsymbol{y})=\boldsymbol{c}'\boldsymbol{F\beta}$。同样，$E[\boldsymbol{y}(x)]=\boldsymbol{f}'\boldsymbol{\beta}$。那么对于所有的 $\boldsymbol{\beta}$，就得到无偏的限制条件为

$$\boldsymbol{F}'\boldsymbol{c}=\boldsymbol{f}$$

预测误差为

$$\hat{\boldsymbol{y}}(x)-\boldsymbol{y}(x)=\boldsymbol{c}'\boldsymbol{y}-\boldsymbol{y}(x)=\boldsymbol{c}'(\boldsymbol{F\beta}+\boldsymbol{z})-[\boldsymbol{f}(x)'\boldsymbol{\beta}+\boldsymbol{z}]=\boldsymbol{c}'\boldsymbol{z}-\boldsymbol{z}+(\boldsymbol{Fc}-\boldsymbol{f})'\boldsymbol{\beta}=\boldsymbol{c}'\boldsymbol{z}-\boldsymbol{z}$$

则在无偏的条件下,预测$\hat{\boldsymbol{y}}(x)$的均方误差计算式为

$$\varphi(x)=E\{[\hat{\boldsymbol{y}}(x)-\boldsymbol{y}(x)]^2\}=E[(\boldsymbol{c}'\boldsymbol{z}-\boldsymbol{z})^2]=E[\boldsymbol{z}^2+\boldsymbol{c}'\boldsymbol{zz}'\boldsymbol{c}-2\boldsymbol{c}'\boldsymbol{zz}]=$$
$$\sigma_z^2(1+\boldsymbol{c}'\boldsymbol{Rc}-2\boldsymbol{c}'\boldsymbol{r})$$

式中:$\boldsymbol{R}$ 是 $n\times n$ 的样本点自变量的相关矩阵,它的第 i,j 个元素由 $R(x_i,x_j)$ 定义;$\boldsymbol{r}$ 为预测点与样本点之间的相关函数向量,表征了预测点 x 与所有样本点 x_i 之间的相关程度,可表示为

$$\boldsymbol{r}=[R(x_1,x)\quad R(x_2,x)\quad\cdots\quad R(x_n,x)]'$$

现在要在无偏的限制条件下,求出使得 φ 最小的 $\boldsymbol{c}$ 的估计。用拉格朗日乘数法进行求解,拉格朗日函数为

$$L(\boldsymbol{c},\lambda)=\sigma_z^2(1+\boldsymbol{c}'\boldsymbol{Rc}-2\boldsymbol{c}'\boldsymbol{r})-2\lambda(\boldsymbol{F}'\boldsymbol{c}-\boldsymbol{f})$$

上式中的目标函数 $L(\boldsymbol{c},\lambda)$ 分别对参数 $\boldsymbol{c}$ 和 λ 求偏导,并且使偏导数等于零,可得

$$\begin{cases}\boldsymbol{F}'\boldsymbol{c}=\boldsymbol{f}\\ \sigma_z^2\boldsymbol{Rc}-\boldsymbol{F}\lambda=\sigma_z^2\boldsymbol{r}\end{cases}$$

求解方程组就可以得到使得 φ 最小的 $\boldsymbol{c}$ 的估计,为了方便推导求解,将上式写成矩阵的的表达式:

$$\begin{bmatrix}\boldsymbol{0} & \boldsymbol{F}'\\ \boldsymbol{F} & \sigma_z^2\boldsymbol{R}\end{bmatrix}\begin{bmatrix}-\lambda\\ \boldsymbol{c}\end{bmatrix}=\begin{bmatrix}\boldsymbol{f}\\ \sigma_z^2\boldsymbol{r}\end{bmatrix}\tag{4-5}$$

进而可以得到 $\boldsymbol{y}$ 的最优线性无偏预测为

$$\hat{\boldsymbol{y}}(x)=\boldsymbol{c}'\boldsymbol{y}=[\boldsymbol{f}'\quad\boldsymbol{r}']\begin{bmatrix}\boldsymbol{0} & \boldsymbol{F}'\\ \boldsymbol{F} & \boldsymbol{R}\end{bmatrix}^{-1}\begin{bmatrix}0\\ \boldsymbol{y}\end{bmatrix}$$

即

$$\hat{\boldsymbol{y}}(x)=\boldsymbol{f}'\hat{\boldsymbol{\beta}}+\boldsymbol{r}'\boldsymbol{R}^{-1}[\boldsymbol{y}-\boldsymbol{F}\hat{\boldsymbol{\beta}}]\tag{4-6}$$

式中

$$\hat{\boldsymbol{\beta}}=(\boldsymbol{F}'\boldsymbol{R}^{-1}\boldsymbol{F})^{-1}\boldsymbol{F}'\boldsymbol{R}^{-1}\boldsymbol{y}$$

式中:$\hat{\boldsymbol{\beta}}$ 被称作是加权的最小二乘估计。当 x 是第 i 个样本点 x_i 的时候,从式(4-6)中可以推导出

$$\hat{\boldsymbol{y}}(x_i)=\boldsymbol{f}'(x_i)\hat{\boldsymbol{\beta}}+\boldsymbol{r}(x_i)'\boldsymbol{R}^{-1}(\boldsymbol{y}-\boldsymbol{F}\hat{\boldsymbol{\beta}})=\boldsymbol{f}'(x_i)\hat{\boldsymbol{\beta}}+\boldsymbol{e}'_i(\boldsymbol{y}-\boldsymbol{F}\hat{\boldsymbol{\beta}})=\boldsymbol{y}_i$$

这个结果从理论上表明,克里金预测模型是个插值函数。因此可以将克里金模型的过程分作两个阶段——先得到最小二乘估计$\hat{\boldsymbol{\beta}}$,然后插值其残差 $\boldsymbol{y}-\boldsymbol{F}\hat{\boldsymbol{\beta}}$。这个是克里金模型区别于其他模型的最主要的特征。从式(4-5)中可以推出模型预测的均方误差估计为

$$\mathrm{MSE}[\hat{\boldsymbol{y}}(x)]\equiv\hat{\sigma}^2(x)=\sigma_z^2\left[1-[\boldsymbol{f}'\quad\boldsymbol{r}']\begin{bmatrix}\boldsymbol{0} & \boldsymbol{F}'\\ \boldsymbol{F} & \boldsymbol{R}\end{bmatrix}^{-1}\begin{bmatrix}\boldsymbol{f}\\ \boldsymbol{r}\end{bmatrix}\right]\tag{4-7}$$

另外一个由 Schonlau1997 推导出来的比较简单的克里金方差公式为

$$\mathrm{MSE}[\hat{\boldsymbol{y}}(x)]\equiv\hat{\sigma}^2(x)=\sigma_z^2(1-\boldsymbol{r}'\boldsymbol{R}^{-1}\boldsymbol{r})\tag{4-8}$$

容易看出式(4-7)与式(4-8)的最大区别就是,前者考虑了 $\boldsymbol{\beta}$ 的估计,因此较后者更为精确。

2. 参数的估计

以上的推导过程只是涉及了参数 $\boldsymbol{\beta}$ 的估计，而其他参数 σ_z^2、$\boldsymbol{\theta}$ 可以用极大似然估计求得。如果假定高斯克里金模型，且 $\gamma_j=2$，则 $\boldsymbol{y}$ 的密度为

$$(2\pi)^{-n/2}(\sigma_z^{2n}|\boldsymbol{R}|)^{-1/2}\exp\left[-\frac{1}{2\sigma_z^2}(\boldsymbol{y}-\boldsymbol{F\beta})'\boldsymbol{R}^{-1}(\boldsymbol{y}-\boldsymbol{F\beta})\right]$$

则训练样本的对数似然函数为

$$L(\boldsymbol{\beta},\sigma_z^2,\boldsymbol{\theta})=-\frac{n}{2}\ln(2\pi)-\frac{1}{2}\left[n\ln(\sigma_z^2)+\ln(|\boldsymbol{R}|)+\frac{1}{\sigma_z^2}(\boldsymbol{y}-\boldsymbol{F\beta})'\boldsymbol{R}^{-1}(\boldsymbol{y}-\boldsymbol{F\beta})\right]$$

$(\boldsymbol{\beta},\sigma_z^2,\boldsymbol{\theta})$ 参数的极大似然估计就是使得上面的对数似然函数取极大值的情况。同时求出 $(\boldsymbol{\beta},\sigma_z^2,\boldsymbol{\theta})$ 的极大似然估计是比较困难的。经验表明，对于同时求出这些参数的估计与逐步地求 $\boldsymbol{\beta}$、$(\sigma_z^2,\boldsymbol{\theta})$ 的估计，其效果差别不大。于是采用逐步求 $\boldsymbol{\beta}$ 和 $(\sigma_z^2,\boldsymbol{\theta})$ 的估计：

(1)选定 $\boldsymbol{\theta}$ 的初值。选定好的初值需要有一定先验信息。既然对于 $\boldsymbol{\beta}$ 来说，好的初值是最小二乘估计，那么假定 $\boldsymbol{\theta}$ 的初值为 0 是比较适当的，因此令 $\boldsymbol{\theta}_0=0$。

(2)$\boldsymbol{\beta}$ 的极大似然估计。对于给定的 $\boldsymbol{\theta}_0$，$\boldsymbol{\beta}$ 的极大似然估计为

$$\hat{\boldsymbol{\beta}}=(\boldsymbol{F}'\boldsymbol{R}^{-1}\boldsymbol{F})^{-1}\boldsymbol{F}'\boldsymbol{R}^{-1}\boldsymbol{y}$$

(3) σ_z^2 的极大似然估计。对于给定的 $\boldsymbol{\theta}_0$，σ_z^2 的极大似然估计为

$$\hat{\sigma}_z^2=\frac{1}{n}(\boldsymbol{y}-\boldsymbol{F}\hat{\boldsymbol{\beta}})'\boldsymbol{R}^{-1}(\boldsymbol{y}-\boldsymbol{F}\hat{\boldsymbol{\beta}})$$

(4)$\boldsymbol{\theta}$ 的估计。$\boldsymbol{\theta}$ 的极大似然估计的求法没有固定的模式。牛顿迭代法或者 Fisher 得分算法都可以用来寻找 $\boldsymbol{\theta}$ 的最优解。

4.2.2.2 经验克里金模型

在处理一些问题时，可能出现已知参数存在误差的情况。考虑到已知参数的初始误差，可以在克里金模型后面加上一个扰动项，得到新的模型，这种模型被称为经验克里金模型，其形式为

$$y(x)=\sum_{j=1}^{q}\beta_j f_j(x)+z(x)+\varepsilon(x)$$

式中：$\varepsilon(x)$ 是一个扰动项，假定它是一个均值为零、方差为 σ^2 的白噪声，并且与 $z(x)$ 独立。

对于它是否有较好的预测效果，事实上，Sacks 和 Ylvisaker(1985)很早就采用了在克里金模型基础上加上一个独立的测量误差项，当时只是考虑一维的物理实验数据。在 1989 年，Sacks 等人将克里金模型的应用推广到更高维的数据情况(不含有误差项)，并且假定 $\theta_j=\theta$，$\gamma_j=2(1\leqslant j\leqslant p)$ 来简化问题的复杂性。之后，Sacks 等人又考虑不同的 θ_j 和相同的 γ_i 参数。Welch 等人(1992)建议用迭代的算法来选择比较重要的变量，因为当原始数据的维数较高的时候，原有的克里金模型的优化过程负担很重。同时，它们的迭代算法考虑不同的 θ_j 和 γ_j 参数。因此，学者们都是根据不同数据的特点来改进克里金模型和它参数的优化算法的。从前人的试验结果可以看出，仅对于有些数据，经验克里金模型可以改善克里金模型的结果。

由于在导弹飞行过程中，惯性器件确定的导弹实时位置与实际位置存在偏差，导致插值函数的自变量存在偏差，就是一个初始参数存在误差的问题，所以用经验克里金模型对扰动引力进行逼近有可能会取得较好的效果。

1. 预测公式的推导

因为 $\tilde{z}(x)=z(x)+\varepsilon(x)$ 也是一个随机过程，其均值为零，协方差为

$$\mathrm{Cov}(\tilde{z})=E([z(x_i)+\varepsilon(x_i)][z(x_k)+\varepsilon(x_k)])=E[z(x_i)z(x_k)]+E[\varepsilon(x_i)\varepsilon(x_k)]=\begin{cases}\sigma_z^2+\sigma_\varepsilon^2, & i=k\\ \sigma_z^2R(x_ix_k), & i\neq k\end{cases}$$

那么这个新的随机过程 $\tilde{z}(x)$ 的协方差矩阵是 $\boldsymbol{V}=\sigma_z^2\boldsymbol{R}+\sigma_\varepsilon^2\boldsymbol{I}=\sigma_z^2(\boldsymbol{R}+\alpha\boldsymbol{I})$，这里 $\alpha=\dfrac{\sigma_\varepsilon^2}{\sigma_z^2}$，$\boldsymbol{I}$ 是一个单位矩阵。如果矩阵 $\boldsymbol{R}+\alpha\boldsymbol{I}$ 记作 $\tilde{\boldsymbol{R}}(\theta,\alpha)$，那么，协方差矩阵 $\boldsymbol{V}=\sigma_z^2\tilde{\boldsymbol{R}}(\boldsymbol{\theta},\alpha)$。可以仿照克里金模型估计参数的过程，得到经验克里金模型参数估计的过程。而 σ_ε^2 的极大似然估计为 $\hat{\sigma}_\varepsilon^2=\hat{\alpha}\hat{\sigma}_z^2$。

2. 参数的估计

如果用 $\tilde{\boldsymbol{\theta}}$ 表示包括 $\boldsymbol{\theta}$ 和 α 的参数向量：$\tilde{\boldsymbol{\theta}}=[\boldsymbol{\theta},\alpha]$。经验克里金模型参数的估计过程很容易得到：

（1）$\tilde{\boldsymbol{\theta}}$ 初始值的选定。既然一个好的 $\boldsymbol{\beta}$ 初始值是最小二乘估计，那么对于 $\tilde{\boldsymbol{\theta}}$ 来说，较好的初始值就是零，因此选定 $\tilde{\boldsymbol{\theta}}_0=\boldsymbol{0}$。

（2）$\boldsymbol{\beta}$ 的极大似然估计。对于给定的初始值 $\tilde{\boldsymbol{\theta}}_0$，$\boldsymbol{\beta}$ 的极大似然估计为

$$\hat{\boldsymbol{\beta}}=(\boldsymbol{F}'\tilde{\boldsymbol{R}}^{-1}\boldsymbol{F})^{-1}\boldsymbol{F}'\tilde{\boldsymbol{R}}^{-1}\boldsymbol{y}$$

（3）σ_z^2 的极大似然估计。对于给定的 $\tilde{\boldsymbol{\theta}}_0$，$\sigma_z^2$ 的极大似然估计为

$$\hat{\sigma}_z^2=\frac{1}{n}(\boldsymbol{y}-\boldsymbol{F}\hat{\boldsymbol{\beta}})'\tilde{\boldsymbol{R}}^{-1}(\boldsymbol{y}-\boldsymbol{F}\hat{\boldsymbol{\beta}})$$

（4）$\boldsymbol{\theta}$ 的估计。$\tilde{\boldsymbol{\theta}}$ 的极大似然估计的求法没有固定的模式。牛顿迭代法或者 Fisher 得分算法都可以用来寻找 $\tilde{\boldsymbol{\theta}}$ 的最优解。

（5）σ_ε^2 的估计。

$$\hat{\sigma}_\varepsilon^2=\hat{\alpha}\hat{\sigma}_z^2=\tilde{\theta}_{p+1}\hat{\sigma}_z^2$$

4.2.2.3　克里金方法的几点讨论

克里金的权系数从本质上讲是可正可负的，这不同于一般的概率系数。这就使得克里金估值的取值范围很广，可以超出样本取样的最大最小范围，以达到最优估计的目的。

由于克里金权系数可能取负数，那么克里金估值也可能出现负值。这对只能取正值的变量是不容许的。这种情况下处理的方法有两种：一种是人为改变权系数，将负权系数规定为 0，其他权系数按比例调整，使其总和为 l；另一种是人为改变其估值，权系数不变，当估值出现负值时就规定为 0。

克里金估计往往是在滑动邻域内实施的，并且每一个估计所根据的数据均局限于此邻区内的数值。这种实施方法的合理性在于：在多数情况下，这些数据邻区有效地屏蔽较远处数值的影响；平稳性假设或关于漂移形式的假设往往限制在滑动邻区数量级的距离内。

克里金模型以已知信息的动态构造为基础充分考虑到变量在空间上的相关特征，即只使用估计点附近的某些信息，而不是所有的信息对未知信息进行模拟。

克里金模型同时具有局部和全局的统计特性，这个性质使得克里金模型可以分析已知信息的趋势、动态。

克里金模型具有很强的外推能力和很高的计算精度。

4.2.3 基于克里金模型的弹上扰动引力插值逼近

应用简单克里金方法逼近弹道导弹扰动引力，在构建克里金模型时需要确定模型的确定性漂移函数 $\boldsymbol{f}(\boldsymbol{x})$ 和核函数 $R(x_i,x_k)$ 以及参数 θ_j。取确定性漂移函数为

$$\boldsymbol{f}(\boldsymbol{x})=[\varphi \quad \lambda \quad \boldsymbol{r}]'$$

式中：φ 为导弹飞行中的地心纬度；λ 为导弹飞行中的地心经度；$\boldsymbol{r}$ 为导弹飞行中的地心矢径。

核函数 $R(x_i,x_k)$ 按式(4-4)通过选择 γ_j 确定，参数 θ_j 根据实际情况灵活选取。

取标准弹道及附近弹道上高程等间距各位置上对应的扰动引力分量数据作为克里金模型的样本点。在克里金模型表达式中，在样本点一定的情况下，向量 $\hat{\boldsymbol{\beta}}$ 和向量 $\boldsymbol{R}^{-1}(\boldsymbol{y}-\boldsymbol{F}\hat{\boldsymbol{\beta}})$ 的值是固定不变的，可在射前地面诸元计算时完成计算，装定在弹上，以减小弹上的计算量；只有待求点与样本点数据相关向量 $\boldsymbol{r}$ 需要在弹上实时计算。

4.2.4 仿真算例

4.2.4.1 算例条件

选择射程约为 7 300 km 的一种导弹的标准弹道，其射击条件同 2.2.1 节。

4.2.4.2 逼近效果分析

取导弹标准弹道附近的发射点经纬度分别相差 1′的四条弹道和标准弹道共五条弹道的扰动引力数据进行研究。对导弹主动段扰动引力利用克里金插值模型进行逼近。对扰动引力的三个分量分别建立三套克里金插值模型。因低空扰动引力高频占主要，可将导弹主动段分为两段，前一段按高程每间隔 4 km 取一个样本点，后一段按高程每间隔 8 km 取一个样本点。五条弹道前一段共取样本点 75 组，后一段共取样本点 120 组。由于导弹实际飞行弹道与标准弹道存在一定的偏差，所以为了验证克里金插值的逼近效果，这里用一条与标准弹道有一定落点偏差的干扰弹道来近似代替实际弹道进行仿真计算，预测点的自变量参数可以通过解算“实际”弹道得到。这样就可以依据样本点数据，用克里金插值逼近模型沿“实际”弹道实时计算扰动引力值。插值逼近结果再与“实际”弹道上用球谐函数计算模型计算的值进行比较，分析克里金方法的逼近精度。下面采用两种方法进行逼近。

第一种方法将主动段所有样本点 195 组用于克里金插值模型逼近，需要三套克里金插值模型。取 $\gamma_j=1.3$，$\boldsymbol{\theta}=[4.0e-3 \quad 4.0e-3 \quad 4.0e-8]$。所取干扰弹道相对于标准弹道的落点偏差为：纵向偏差 −3 977.143 m，横向偏差 −9 344.212 m。其逼近效果如图 4-4 所示。

由图 4-4 可知，扰动引力的克里金插值模型逼近误差不超过 1.4 mgal。主动段扰动引力克里金插值逼近与球谐函数法计算相比所产生的落点偏差大小为：纵向偏差 −0.416 m，横向偏差 −0.118 m。取其他小的干扰时也有类似的逼近效果。

第二种方法将主动段分为两段分别采用两组克里金插值模型来逼近，需要六套克里金插

值模型。前一段取 $\gamma_j=1.3$，$\boldsymbol{\theta}=[0.1\quad 0.1\quad 4.0e-6]$，后一段取 $\gamma_j=1.4$，$\boldsymbol{\theta}=[4.0e-3\quad 4.0e-3\quad 4.0e-8]$。所取干扰弹道相对于标准弹道的落点偏差同上。其逼近效果如图 4-5 所示。

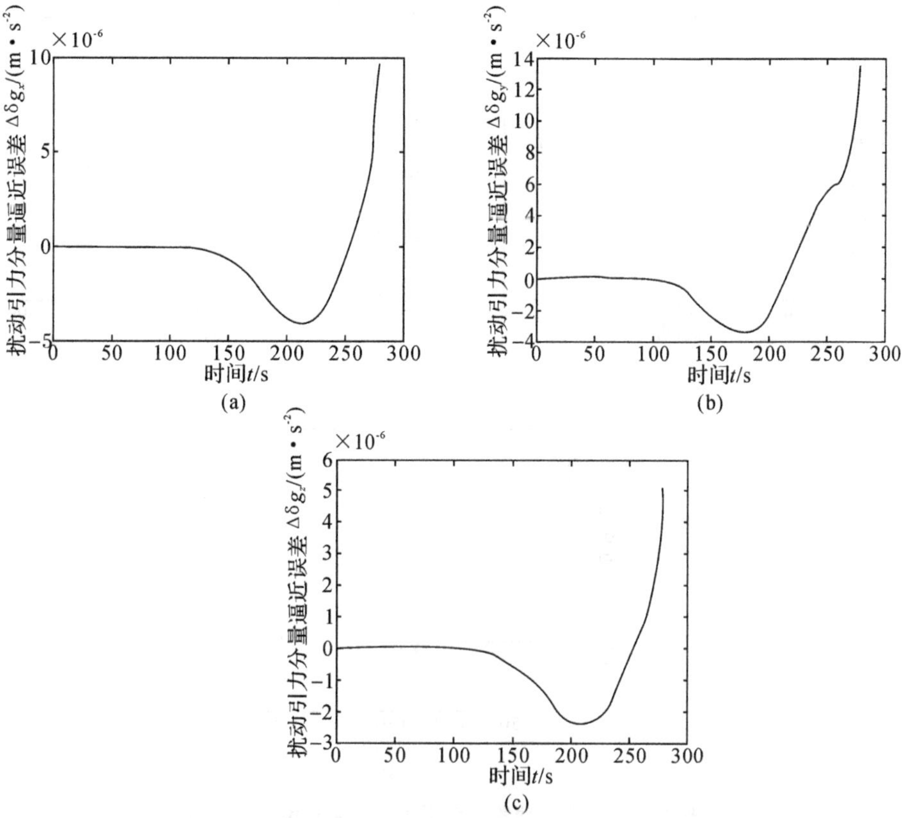

图 4-4　导弹主动段扰动引力克里金模型逼近图

4.2.4.3　弹上扰动引力克里金模型计算实现分析

第一种方法克里金插值模型地面计算部分所需时间为 386 ms；弹上计算部分所需时间为 0.32 ms。弹上需要存储的数据包括每套克里金插值模型参数的估计值（1 个 3 维向量和 1 个 195 维向量）和样本点自变量值（195 个 3 维向量），需要在弹上存储的总的数据量为 1 179 个。

第二种方法前一段克里金插值模型地面计算部分所需时间为 28 ms；弹上计算部分所需时间为 0.13 ms。弹上需要存储的数据包括每套克里金插值模型参数的估计值（1 个 3 维向量和 1 个 75 维向量）和样本点自变量值（75 个 3 维向量），第一段需要在弹上存储的总的数据量为 459 个。后一段克里金插值模型地面计算部分所需时间为 100 ms；弹上计算部分所需时间为0.20 ms。弹上需要存储的数据包括每套克里金插值模型参数的估计值（1 个 3 维向量和 1 个 120 维向量）和样本点自变量值（120 个 3 维向量），第二段需要在弹上存储的总的数据量为 729 个。两段共需存储 1 188 个。

由以上分析可知，弹上存储诸元量差不多，第二种方法比第一种方法需要的克里金插值模型多一倍，但两种方法的存储量都要比有限元插值算法少。第二种方法比第一种方法弹上计算速度快得多，为了提高弹上计算速度可采用第二种方法，其计算速度与有限元插值算法差不多。在满足实际精度需求的情况下，还可以减少样本节点数，进一步提高弹上扰动引力逼近计算速度。

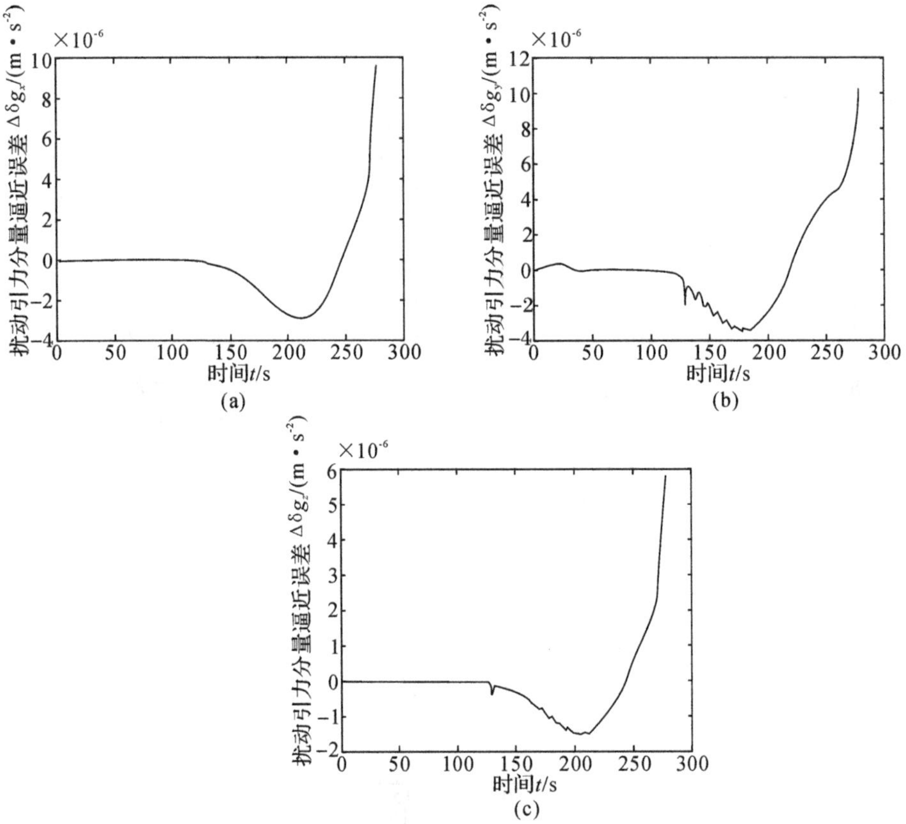

图 4-5　导弹主动段扰动引力克里金模型逼近图

上述算例采用的是简单克里金模型，并且固定了模型参数，为了进一步提高精度可采用经验克里金模型和对模型参数进行寻优，对此本节不作详细研究。总之，克里金模型用于弹道导弹主动段扰动引力的逼近是可行的。并因地面计算时间少，可适用于机动作战的弹道导弹。当克里金模型用于弹道导弹被动段扰动引力的逼近时用到的数据更多，计算花费的时间也长，将不再适用。

4.3　导弹主动段扰动引力的分段梯度法逼近

4.3.1　梯度法逼近原理

建立笛卡儿坐标系 $Oxyz$，记导弹弹道上各点的扰动引力为 δg_x、δg_y 和 δg_z。导弹弹道上的一点 A，弹道上及其附近的任一点 B 处的扰动引力可展开成泰勒级数且取至一次项，有

$$\left.\begin{aligned}
\delta g_x^B &= \delta g_x^A + \left.\frac{\partial \delta g_x}{\partial x}\right|_A (x_B - x_A) + \left.\frac{\partial \delta g_x}{\partial y}\right|_A (y_B - y_A) + \left.\frac{\partial \delta g_x}{\partial z}\right|_A (z_B - z_A) \\
\delta g_y^B &= \delta g_y^A + \left.\frac{\partial \delta g_y}{\partial x}\right|_A (x_B - x_A) + \left.\frac{\partial \delta g_y}{\partial y}\right|_A (y_B - y_A) + \left.\frac{\partial \delta g_y}{\partial z}\right|_A (z_B - z_A) \\
\delta g_z^B &= \delta g_z^A + \left.\frac{\partial \delta g_z}{\partial x}\right|_A (x_B - x_A) + \left.\frac{\partial \delta g_z}{\partial y}\right|_A (y_B - y_A) + \left.\frac{\partial \delta g_z}{\partial z}\right|_A (z_B - z_A)
\end{aligned}\right\} \tag{4-9}$$

式中：$\left.\frac{\partial \delta g_x}{\partial x}\right|_A, \left.\frac{\partial \delta g_x}{\partial y}\right|_A, \cdots, \left.\frac{\partial \delta g_z}{\partial z}\right|_A$ 是扰动引力梯度在 A 点处的值。

因为

$$\delta g_x = \frac{\partial T}{\partial x}, \delta g_y = \frac{\partial T}{\partial y}, \delta g_z = \frac{\partial T}{\partial z}$$

故可改变一下写法：

$$\frac{\partial \delta g_x}{\partial y} = \frac{\partial}{\partial y}\left(\frac{\partial T}{\partial x}\right) = \frac{\partial}{\partial x}\left(\frac{\partial T}{\partial y}\right) = \frac{\partial \delta g_y}{\partial x}$$

$$\frac{\partial \delta g_x}{\partial z} = \frac{\partial \delta g_z}{\partial x}$$

$$\frac{\partial \delta g_y}{\partial z} = \frac{\partial \delta g_z}{\partial y}$$

又因扰动引力 T 为调和函数，即满足

$$\frac{\partial^2 T}{\partial x^2} + \frac{\partial^2 T}{\partial y^2} + \frac{\partial^2 T}{\partial z^2} = 0$$

可得

$$\frac{\partial \delta g_z}{\partial z} = -\left(\frac{\partial \delta g_x}{\partial x} + \frac{\partial \delta g_y}{\partial y}\right)$$

$$\begin{bmatrix} \delta g_x^B \\ \delta g_y^B \\ \delta g_z^B \end{bmatrix} = \begin{bmatrix} \delta g_x^A \\ \delta g_y^A \\ \delta g_z^A \end{bmatrix} + \begin{bmatrix} \left.\frac{\partial \delta g_x}{\partial x}\right|_A & \left.\frac{\partial \delta g_x}{\partial y}\right|_A & \left.\frac{\partial \delta g_z}{\partial x}\right|_A \\ \left.\frac{\partial \delta g_x}{\partial y}\right|_A & \left.\frac{\partial \delta g_y}{\partial y}\right|_A & \left.\frac{\partial \delta g_z}{\partial y}\right|_A \\ \left.\frac{\partial \delta g_z}{\partial x}\right|_A & \left.\frac{\partial \delta g_z}{\partial y}\right|_A & -\left(\left.\frac{\partial \delta g_x}{\partial x}\right|_A + \left.\frac{\partial \delta g_y}{\partial y}\right|_A\right) \end{bmatrix} \begin{bmatrix} (x_B - x_A) \\ (y_B - y_A) \\ (z_B - z_A) \end{bmatrix}$$

选取 n 个 B 点，写成如下形式：

$$\begin{bmatrix} \delta g_x^B - \delta g_x^A \\ \delta g_y^B - \delta g_y^A \\ \delta g_z^B - \delta g_z^A \end{bmatrix}_i = \begin{bmatrix} (x_B - x_A) & (y_B - y_A) & (z_B - z_A) & 0 & 0 \\ 0 & (x_B - x_A) & 0 & (y_B - y_A) & (z_B - z_A) \\ -(z_B - z_A) & 0 & (x_B - x_A) & -(z_B - z_A) & (y_B - y_A) \end{bmatrix}_i \begin{bmatrix} \left.\frac{\partial \delta g_x}{\partial x}\right|_A \\ \left.\frac{\partial \delta g_x}{\partial y}\right|_A \\ \left.\frac{\partial \delta g_z}{\partial x}\right|_A \\ \left.\frac{\partial \delta g_y}{\partial y}\right|_A \\ \left.\frac{\partial \delta g_z}{\partial y}\right|_A \end{bmatrix}$$

$$(i = 1,2,\cdots,n)$$

上式可用矩阵形式表示为

$$\underset{3\times1}{\boldsymbol{G}_i} = \underset{3\times5}{\boldsymbol{D}_i}\underset{5\times1}{\boldsymbol{Q}}$$

对 n 个 B 点，矩阵形式表示为

$$\boldsymbol{G} = \boldsymbol{D}\boldsymbol{Q}$$

$$\boldsymbol{G} = \begin{bmatrix} G_1 \\ G_2 \\ \vdots \\ G_n \end{bmatrix}$$

$$\boldsymbol{D} = \begin{bmatrix} D_1 \\ D_2 \\ \vdots \\ D_n \end{bmatrix}$$

按最小二乘原理，可解得未知的扰动引力梯度矢量 $\boldsymbol{Q}$ 为

$$\boldsymbol{Q} = (\boldsymbol{D}^{\mathrm{T}}\boldsymbol{D})^{-1}\boldsymbol{D}^{\mathrm{T}}\boldsymbol{G} \tag{4-10}$$

从而弹道上任一点的扰动引力可按式(4-9)计算。

4.3.2 分段梯度法逼近思想

由上述梯度法逼近原理可知，扰动引力的逼近取的是在已知弹道点泰勒展开的一次项，是线性近似的。因此只有扰动引力随位置的变化曲线越接近直线，其逼近精度才会越高。为了达到足够的精度要求，必须对扰动引力随位置的变化曲线进行分段，分段原则是各段的曲线应尽量接近直线。由于弹道导弹弹道上的扰动引力是随位置变化的平滑曲线，所以可以实现曲线的有限分段，对分成的若干段分别采用梯度法逼近。

4.3.3 仿真算例

在这里给出一个算例，验证一下扰动引力分段梯度法逼近的效果。首先给定算例条件。

4.3.3.1 算例条件

选择射程约为 7 300 km 的一种导弹的标准弹道，其射击条件同 2.2.1 节。导弹附近点的扰动引力采用球谐函数法计算，球谐函数系数来自 GEM94。算例计算所使用计算机为 Pentium 2.0G。下面对导弹主动段扰动引力的分段梯度法逼近效果进行分析。

4.3.3.2 分段方法

取笛卡儿坐标系为发射坐标系，通过解算标准弹道可获得扰动引力随高程的变化曲线如图 4-6 所示。

图 4-6(a)(b)(c)分别是扰动引力分量随高度的变化曲线图，针对每个图，分段节点是不一样的。对于图 4-6(a)(c)接近可以分成两段，由一个节点分开，对应节点的高程为 165 006.880 m；对于图 4-6(b)就得分成三段，由两个节点分开，对应节点的高程为 12 104.399 m 和

100 922.778 m。应用梯度法时，分段节点应该取图 4－6(a)(b)(c)所有节点的并集，由这些节点确定最终的段数。按照这个原则，本例可以分为四段，在每段采用梯度法逼近，按高程进行各段逼近控制。

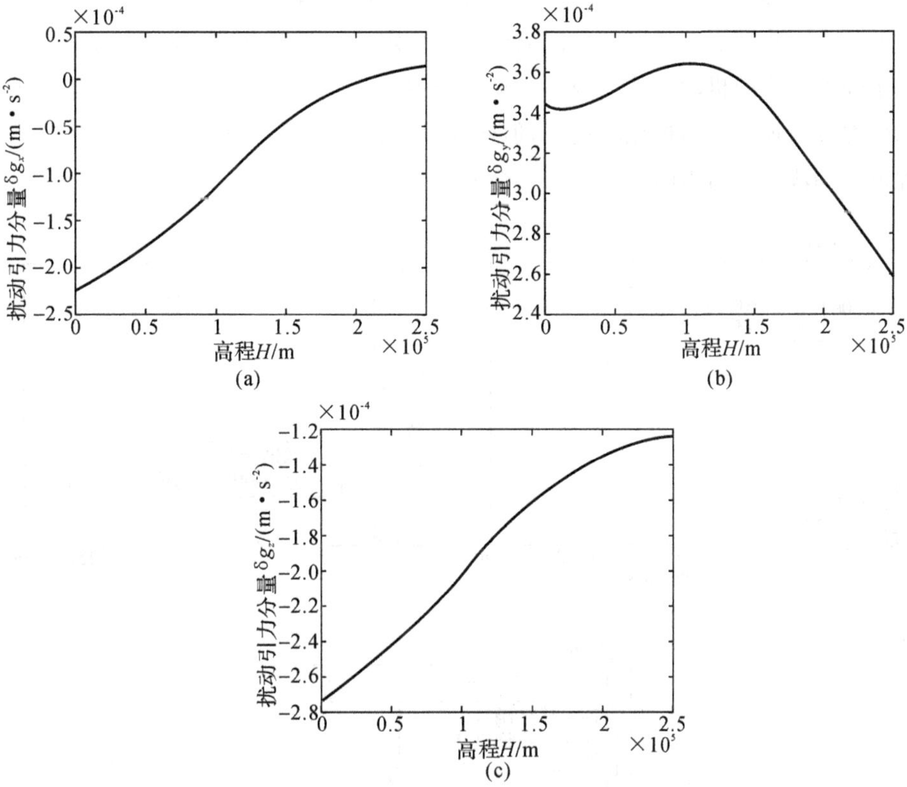

图 4－6　扰动引力随高度的变化曲线

4.3.3.3　逼近效果分析

本例在采用分段梯度法逼近时，在各段的起点(在标准弹道上)泰勒展开，在计算梯度诸元时，采用节点和各段中间点对应位置在标准弹道上的扰动引力值。对于标准弹道，扰动引力分别采用球谐函数法和分段梯度逼近法进行计算，可得到两种方法扰动引力随高度的变化曲线对比图，如图 4－7 所示。可见其最大偏差不超过 1 mgal，其相对落点偏差为：纵向偏差 －5.843 8 m，横向偏差 0.024 2 m。式(4－9)的计算时间为 0.001 15 ms，式(4－10)的计算时间为 0.034 13 ms。可以看出分段梯度法逼近精度是很高的，计算速度也是很快的。

4.3.3.4　弹上扰动引力分段梯度法逼近实现分析

分段梯度法逼近在弹上应用时，要用于实际弹道扰动引力的逼近。可采用这样的实现方式：以标准弹道为基准进行分段，取弹道上及其附近的点，要足够多，进行梯度诸元的计算，保证精度，这部分工作导弹发射前在地面完成，花费的时间很少。然后将各段的梯度诸元和起始点位置以及对应的扰动引力装定在弹上，各段要装定的诸元数为：梯度诸元 5 个，起始点位置

3个,扰动引力3个,共11个。经过实践证明,分段不会很多,一般不会超过6段,因而要装定的总诸元数量是很少的。从而弹上的计算只需要进行式(4-9)的计算,大大地提高了计算速度,满足实时计算的要求。与有限元法进行比较,装定诸元量要少得多,弹上实时计算速度要快得多。但用于实际计算时,因实际弹道与标准弹道有差异,扰动引力的分段梯度法逼近精度会相对较差。由于扰动引力分段梯度法逼近具有装定诸元量少、计算速度快的特点,所以其非常适合用于弹道导弹的机动作战。因为主动段弹道与实际弹道偏离得不是太大,所以导弹主动段扰动引力分段梯度法逼近比较适用,但被动段飞行时间长,偏离也越来越大,分段梯度法用实际弹道被动段扰动引力的逼近时误差会变大,将不再适用。

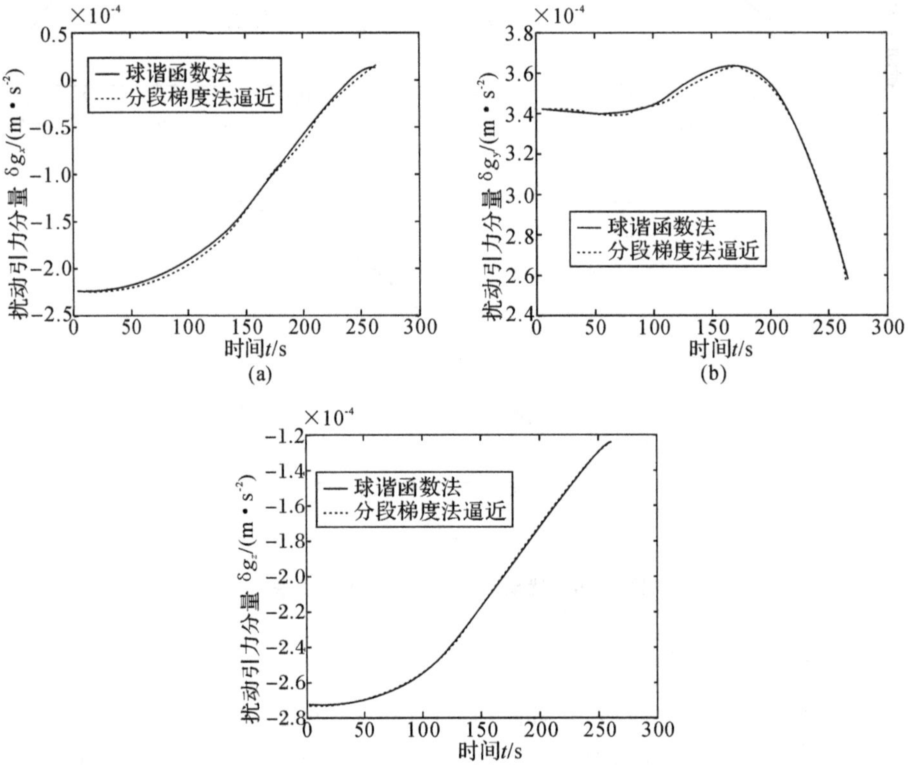

图4-7 扰动引力分段梯度法逼近与球谐函数法对比图

第5章　利用重力线方程计算导弹主动段扰动引力

第3章阐述了各种外空扰动引力的计算方法，如斯托克斯积分法、点质量法等方法，都是通过求解扰动位所满足的边界条件而求定重力场的。求解大地边值问题所用的数据是重力异常，它并不是直接的观测量，且需要覆盖全球的重力测量数据，实际中很难做到这一点，一般只取某个区域的重力测量数据来近似计算。由于这些问题的存在，所以各种扰动引力计算模型的计算值相差很大，不能确定哪个模型的计算结果更精确，也不能确定实际中使用哪个模型。为此，本章提出一种利用重力线方程计算弹道导弹扰动引力的逼近算法，局部区域的重力线方程求解只需要局部的重力测量数据，实际中容易获取。

5.1　重力场的力线方程

在三维欧氏空间 R^3 中选取笛卡儿坐标系 x、y、z，R^3 的度量为

$$\mathrm{d}s^2 = \mathrm{d}x^2 + \mathrm{d}y^2 + \mathrm{d}z^2$$

设重力位为 $W(x,y,z)$，重力为 $\boldsymbol{g}$，重力值为 g，记 $\boldsymbol{g}$ 在笛卡儿坐标系下各分量为

$$g_i = \frac{\partial W}{\partial i}(i = x,y,z)$$

R^3 中的任意一条曲线，如果它的切线方向始终指向重力方向，则称之为力线。设重力场力线的方程为

$$L_i = L_i(s)(i = x,y,z)$$

式中：s 为力线的弧长参数，则力线的切向量分量为

$$L'_i = \frac{\mathrm{d}L_i}{\mathrm{d}s}(i = x,y,z)$$

显然，力线的切向量还可表示成为

$$L'_i = -g^{-1}g_i(i = x,y,z)$$

5.2　利用重力线计算重力的方法

5.2.1　全微分方法

力线、重力位及力线上的重力满足以下微分方程：

$$\left.\begin{aligned}&L'_i=-g^{-1}g_i\\&\frac{\mathrm{d}g_i}{\mathrm{d}s}=\frac{\partial g}{\partial L_i}\\&\frac{\mathrm{d}W}{\mathrm{d}s}=-g\qquad(i=x,y,z)\\&\frac{\partial W}{\partial L_i}=g_i\end{aligned}\right\}\tag{5-1}$$

式中：W 为重力位。如果能够测得力线上各点的重力梯度张量，则可得

$$\frac{\partial g}{\partial L_i}=\frac{g_i}{g}\sum_j\frac{\partial^2 W}{\partial L_j\partial L_i}(i,j=x,y,z)$$

从而可通过微分方程组式(5－1)前三个方程积分获得力线及其上各个点的重力和重力位。可是这要经过大量的测量，在不能满足测量要求的情况下，可按以下微分方程近似求解（其中 g_i 通过全微分方法近似获得，具体阐述见下文）：

$$\left.\begin{aligned}&L'_i=-g^{-1}g_i\\&\frac{\mathrm{d}W}{\mathrm{d}s}=-g\qquad(i=x,y,z)\\&g_i=\frac{\partial W_i}{\partial i}\end{aligned}\right\}\tag{5-2}$$

式中，关键是对 g_i 的计算。这里给出一种 g_i 的全微分计算方法如下：

根据一个地面点按式(5－2)无法进行 g_i 的计算，对于 g_i 的计算，要在地面同时选择足够接近的四个点，同时按式(5－2)解算四条力线及重力，通过全微分近似方法获得。设地面上四个点中的两个点为 A 和 B，相应的量以 A 和 B 作为下标区分。令

$$(h_{BA},k_{BA},l_{BA})=[(x_B-x_A),(y_B-y_A),(z_B-z_A)]$$

则将 W_B 在 W_A 全微分展开，有

$$W_B-W_A=\frac{\partial W_A}{\partial x}h_{BA}+\frac{\partial W_A}{\partial y}k_{BA}+\frac{\partial W_A}{\partial z}l_{BA}+\delta_{AB}=g_{Ax}h_{BA}+g_{Ay}k_{BA}+g_{Az}l_{BA}+\delta_{AB}\tag{5-3}$$

式中：δ_{AB} 为全微分展开二阶及其以上的量值。

在每步积分中，只要 δ_{AB} 能给定，式(5－3)中都有三个未知数—— g_{Ax}、g_{Ay}、g_{Az}，还可以通过另外的两个点列出类似的两个方程，通过三个方程就可以解出 g_{Ax}、g_{Ay}、g_{Az}。对于其他点的重力分量也可通过同样的过程求取，这样就可以进行每一步的积分运算，获得力线及其上各点的重力值。然而只有地面上的 δ_{AB} 是可以通过测量算得的，空中的 δ_{AB} 是没法确定的，这里只能近似处理。

设 A 点和 B 点的正常重力位为 $\bar{W}_A$ 和 $\bar{W}_B$，可以由以下正常重力位公式求得：

$$\bar{W}=\frac{fM}{r}\left[1-J_2\left(\frac{a_E}{r}\right)^2P_2(\sin\varphi_s)\right]+\frac{1}{2}\omega^2r^2\cos^2\varphi_s$$

$$P_2(\sin\varphi_s)=\frac{1}{2}(3\sin^2\varphi_s-1)$$

设用球谐函数法计算 A 点和 B 点的扰动位为 T_A 和 T_B，其计算公式为

$$T=\frac{fM}{r}\sum_{n=2}^{N}\left(\frac{a}{r}\right)^{n}\sum_{m=0}^{n}(\bar{C}_{nm}\cos m\lambda_{s}+\bar{S}_{nm}\sin m\lambda_{s})\bar{P}_{nm}(\sin\varphi_{s})$$

则 δ_{AB} 可以分为三部分：①由正常重力位展开造成的二阶以上的误差，记为 δ_{AB}^{1}；②由球谐函数法计算的扰动位展开造成的二阶以上的误差，记为 δ_{AB}^{2}；③实际扰动位与球谐函数法计算的扰动位之差展开造成的二阶以上的误差，记为 δ_{AB}^{3}。即

$$\delta_{AB}=\delta_{AB}^{1}+\delta_{AB}^{2}+\delta_{AB}^{3}$$

式中

$$\delta_{AB}^{1}=\bar{W}_{B}-\bar{W}_{A}-(\bar{g}_{Ax}h_{BA}+\bar{g}_{Ay}k_{BA}+\bar{g}_{Az}l_{BA})$$

$$\delta_{AB}^{2}=T_{B}-T_{A}-(\delta g_{Ax}h_{BA}+\delta g_{Ay}k_{BA}+\delta g_{Az}l_{BA})$$

式中：$\bar{g}_{Ax}$、$\bar{g}_{Ay}$、$\bar{g}_{Az}$ 为 A 点的正常重力在笛卡儿坐标系各轴上的分量；δg_{Ax}、δg_{Ay}、δg_{Az} 为球谐函数法计算的 A 点的扰动引力在笛卡儿坐标系各轴上的分量。

δ_{AB}^{3} 是无法得知的，但只要球谐函数法计算的扰动位足够精确，(h_{BA},k_{BA},l_{BA}) 足够小，δ_{AB}^{3} 的值是非常微小的，可以忽略不计。则有

$$\delta_{AB}\approx\delta_{AB}^{1}+\delta_{AB}^{2}\tag{5-4}$$

在实际中计算时，因为 δ_{AB} 是近似求取的，所以为了提高重力计算的精度，可以选择四个以上的点 $A,B,C,D,E,\cdots$ 进行力线方程组的解算。此时 A 点重力求解方程组系数矩阵为

$$\boldsymbol{M}_{A}=\begin{bmatrix}h_{BA} & k_{BA} & l_{BA}\\ h_{CA} & k_{CA} & l_{CA}\\ h_{DA} & k_{DA} & l_{DA}\\ h_{EA} & k_{EA} & l_{EA}\\ \vdots & \vdots & \vdots\end{bmatrix}$$

令

$$\boldsymbol{N}_{A}=\begin{bmatrix}W_{B}-W_{A}-\delta_{AB}\\ W_{C}-W_{A}-\delta_{AC}\\ W_{D}-W_{A}-\delta_{AD}\\ W_{E}-W_{A}-\delta_{AE}\\ \vdots\end{bmatrix},\quad \boldsymbol{G}_{A}=\begin{bmatrix}g_{Ax}\\ g_{Ay}\\ g_{Az}\end{bmatrix}$$

则可由最小二乘法求得 A 点重力为

$$\boldsymbol{G}_{A}=(\boldsymbol{M}_{A}^{\mathrm{T}}\boldsymbol{M}_{A})^{-1}\boldsymbol{M}_{A}^{\mathrm{T}}\boldsymbol{N}_{A}$$

其他点重力的求法与上类似。

为了解算的方便，笛卡儿坐标系 (x,y,z) 取为地心大地直角坐标系(见附录 A)，则可采用以下两种方法进行解算。

1. 正常重力求法

正常重力在地心大地直角坐标系下的分量为

$$\left.\begin{aligned}g_{xs}&=g_{r}\cos\varphi_{s}\cos\lambda_{s}\\ g_{ys}&=g_{r}\cos\varphi_{s}\sin\lambda_{s}\\ g_{zs}&=g_{r}\sin\varphi_{s}+g_{\omega}\end{aligned}\right\}\tag{5-5}$$

$$\begin{cases} g_r = -\dfrac{fM}{r^2} + \dfrac{\mu}{r^4}(5\sin^2\varphi_s - 1) + r\omega^2 \\ g_\omega = -2\dfrac{\mu}{r^4}\sin\varphi_s - r\omega^2\sin\varphi_s \\ r = \sqrt{x_s^2 + y_s^2 + z_s^2} \\ \varphi_s = \arcsin\left(\dfrac{z_s}{r}\right) \end{cases}$$

式中：fM 为地球引力常数；μ 为椭球体扁率常数；φ_s 为地心纬度；λ_s 为地心经度；r 为地心矢径大小。

2. 扰动引力求法

地心大地直角坐标系与北东坐标系之间的转换关系为

$$\begin{bmatrix} x_s \\ y_s \\ z_s \end{bmatrix} = \boldsymbol{C}_{sn} \begin{bmatrix} n \\ r \\ e \end{bmatrix}$$

式中

$$\boldsymbol{C}_{sn} = \begin{bmatrix} -\sin\varphi_s\cos\lambda_s & \cos\varphi_s\cos\lambda_s & -\sin\lambda_s \\ -\sin\varphi_s\sin\lambda_s & \cos\varphi_s\sin\lambda_s & \cos\lambda_s \\ \cos\varphi_s & \sin\varphi_s & 0 \end{bmatrix}$$

从而有

$$\begin{bmatrix} \delta g_{xs} \\ \delta g_{ys} \\ \delta g_{zs} \end{bmatrix} = \boldsymbol{C}_{sn} \begin{bmatrix} \delta g_n \\ \delta g_r \\ \delta g_e \end{bmatrix}$$

5.2.2 逼近方法

重力分量的计算可改为如下形式：

$$g_i = \frac{\delta W_i}{\delta L_i} \tag{5-6}$$

在各积分点给 L_i 一个小扰动 δL_i，W 产生 δW_i 的偏差，这个偏差无法直接计算获得，只能通过数值逼近方法获得。在每一个求解区域取足够多个均匀分布的地面点，同时求解多条力线的微分方程，以积分步长 Δs 积分，以当前步和上一步各个点的位置分量和 W 为训练数据进行神经网络训练，δW_i 通过 BP 神经网络逼近计算获得，通过式(5-6)的求差法算得 g_i，为了获得精确的 g_i，要取足够多组 δL_i，绘成 δL_i 与 g_i 的曲线图，g_i 取曲线图较水平的一段的平均值，然后再进行下一步的积分计算。计算过程中神经网络逼近要达到足够的精度，逼近再积分求解是非常耗时的，应在平时对弹道规划需要的特殊点进行事先求解。δW_i 也可以用其他数值逼近方法进行逼近，只要逼近精度满足要求。

5.2.3 积分初始条件的确定

积分计算需要的量有地面点的位置、地面点的重力和地面点的重力位。下面分别阐述其测量计算方法。

5.2.3.1 地面点位置在地心大地直角坐标系下的分量

1. 地面点地心大地直角坐标的传统确定方法

地面点地心大地直角坐标与大地坐标的关系式为

$$\begin{bmatrix} x_s \\ y_s \\ z_s \end{bmatrix} = \begin{bmatrix} (N_d + H_d)\cos B\cos L \\ (N_d + H_d)\cos B\sin L \\ [N_d(1-e^2)+H_d]\sin B \end{bmatrix} \tag{5-7}$$

因而只要获得地面点的大地坐标 (B, L, H_d)，就可通过式(5-7)算得地面点的地心大地直角坐标分量。

(1)大地经纬度的确定。目前的大地测量都是基于参考椭球的。若参考椭球的定位与定向已经确定，则大地原点的大地坐标和垂线偏差以及大地水准面差距 N 已知，则地面各点相对于参考椭球的大地坐标可通过以下方法获取：将地面起始点的经纬度、大地高、起始边长以及该边的方位角、天顶距和斜距等地面观测元素归算到参考椭球上，经过椭球解算获得下一点的大地坐标和垂线偏差。这样地面各点的大地坐标经过多次传递观测和计算可求得。

(2)大地坐标间的转换。相对于参考椭球的大地坐标要转化到相对全球密合椭球(中心位于地心)的大地坐标才可代入式(5-5)计算地心大地直角坐标。下面采用广义大地坐标微分公式进行转换：

$$\begin{bmatrix} \mathrm{d}L \\ \mathrm{d}B \\ \mathrm{d}H_d \end{bmatrix} = \begin{bmatrix} -\dfrac{\sin L}{(N_d+H_d)\cos B}\rho'' & -\dfrac{\cos L}{(N_d+H_d)\cos B}\rho'' & 0 \\ -\dfrac{\sin B\cos L}{(M_d+H_d)}\rho'' & -\dfrac{\sin B\sin L}{(M_d+H_d)}\rho'' & -\dfrac{\cos B}{(M_d+H_d)}\rho'' \\ \cos B\cos L & \cos B\sin L & \sin B \end{bmatrix} \begin{bmatrix} \Delta x_O \\ \Delta y_O \\ \Delta z_O \end{bmatrix} +$$

$$\begin{bmatrix} \dfrac{N_d(1-e^2)+H_d}{N_d+H_d}\tan B\cos L & \dfrac{N_d(1-e^2)+H_d}{N_d+H_d}\tan B\sin L & -1 \\ -\dfrac{(N_d+H_d)-N_d e^2\sin^2 B}{\rho''}\sin L & \dfrac{(N_d+H_d)-N_d e^2\sin^2 B}{\rho''}\sin L & 0 \\ -\dfrac{N_d e^2\sin B\cos B\sin L}{\rho''} & \dfrac{N_d e^2\sin B\cos B\cos L}{\rho''} & 0 \end{bmatrix} \begin{bmatrix} \varepsilon''_x \\ \varepsilon''_y \\ \varepsilon''_z \end{bmatrix} +$$

$$\begin{bmatrix} 0 \\ -\dfrac{N_d}{M_d+H_d}e^2\sin B\cos B\rho'' \\ N_d+H_d-N_d e^2\sin^2 B \end{bmatrix} m + \begin{bmatrix} 0 & 0 \\ \dfrac{N_d}{(M_d+H_d)a}e^2\sin B\cos B\rho'' & \dfrac{M_d(2-e^2\sin^2 B)}{(M_d+H_d)(1-\alpha)}\sin B\cos B\rho'' \\ -\dfrac{N_d}{a}(1-e^2\sin^2 B) & \dfrac{M}{1-\alpha}(1-e^2\sin^2 B)\sin^2 B \end{bmatrix} \begin{bmatrix} \mathrm{d}a \\ \mathrm{d}\alpha \end{bmatrix}$$

式中：$\mathrm{d}L$、$\mathrm{d}B$ 以弧秒为单位；ε_x、ε_y、ε_z 为欧拉角；Δx_O、Δy_O、Δz_O 为坐标原点不一致时的三个平移参数；N_d、M_d 分别为卯酉圈曲率半径、子午圈曲率半径；$\mathrm{d}a$、$\mathrm{d}\alpha$ 分别为椭球长轴与扁率

微分；e 为椭球第一偏心率；ρ''为单位换算常数；m 为两坐标系尺度之差。

(3)大地高的现行确定方法。上面大地高的确定方法是采用直接测定大地高差的三角高程测量法，它是在两点间进行垂直角测量并在椭球面上逐点推求高差，其原理简单，但由于存在大气垂直折光、垂线偏差以及水准面曲率变化等多种因素的影响，使求得的大地高精度较低。现行的方法是将大地高分解成两部分：一部分为急速变化的测高部分，它接近于地表图上的海拔高；另一部分是剩余的缓慢变化部分，它接近于大地水准面高。依据分割大地高方法的不同产生不同的高程系统，最常用的有两种：一种是分成正高和大地水准面高，称为“正高系统”；另一种是分成正常高和高程异常，称为“正常高系统”。现在采用的是正常高系统，因为该系统中两部分的确定方法都是很严密的。正常高的计算从实际工作方便考虑，通常不直接计算，而是计算两点的正常高差。正常高差接近于几何水准测量的测量高差，可以将正常高差表示成测量高差加改正数的形式，即

$$H_B^\gamma - H_A^\gamma = \int_A^B \mathrm{d}h + (\varepsilon + \lambda) \tag{5-8}$$

式中

$$\varepsilon = \frac{1}{\gamma}\int_A^B \gamma_O \mathrm{d}h + \frac{1}{\gamma}\int_O^A \gamma_O^A \mathrm{d}h - \frac{1}{\gamma}\int_O^B \gamma_O^B \mathrm{d}h$$

$$\lambda = \frac{1}{\gamma}\int_A^B (g-\gamma)\mathrm{d}h$$

式中：γ 是沿水准测量路线的流动点的正常重力。因 $\int_0^A \mathrm{d}h$ 和 $\int_0^B \mathrm{d}h$ 分别为 A 点和 B 点的测量高，用 H_A 和 H_B 表示。当 A 和 B 为两个相邻的水准点时，距离小于 10 km，此时 γ_0 可视为线性变化，则有

$$\varepsilon = \frac{1}{\gamma}\left[\frac{\gamma_O^A + \gamma_O^B}{2}(H_B - H_A) + \gamma_O^A H_A - \gamma_O^B H_B\right]$$

经运算后得到

$$\varepsilon = -\frac{\gamma_O^B - \gamma_O^A}{\gamma} H_m \tag{5-9}$$

式中：γ_O^A、γ_O^B 分别为 A、B 两点在正常粗球面上的正常重力值；$H_m = (H_A + H_B)/2$ 是平均测量高。由正常重力公式微分可得

$$\mathrm{d}\gamma_O = \gamma_a \beta \sin 2B_m \mathrm{d}B$$

写成增量形式代入式(5-9)中，可得

$$\varepsilon = -\frac{\gamma_a \beta \sin 2B_m}{\gamma \rho'} \Delta B' H_m$$

式中：纬差 $\Delta B'$ 以分为单位；ρ' 为单位换算常数；β 为粗球常数。

式(5-8)的主项是水准测量高差的总和，正常高改正包括两项：① λ 称为异常项改正，它是由于实际重力场与正常重力场不一致所引起的，在实际重力中测得的水准测量高差加上此项改正后就得到了假想的在正常重力场中的测量高差；② ε 称为正常水准不平行改正，因为在正常重力场中不同高度的正常水准面是不平行的，所以还需要加上此项改正，才能得到两点真正的高差。

为了计算异常项改正，应该沿水准测量路线布设重力点并进行重力测量，由此获取重力异

常资料。当 A、B 两点相距较远时，正常高差的计算应分段进行，即

$$H_B^\gamma - H_A^\gamma = \sum_A^B \Delta h_i + \sum_A^B (\varepsilon_i + \lambda_i)$$

当水准路线构成闭合环线时，即从 B 点出发经很多测段再返回原起始点 B，则正常高差的总和应该等于零，即

$$H_B^\gamma - H_B^\gamma = \sum_B^B \Delta h_i + \sum_B^B (\varepsilon_i + \lambda_i) = 0$$

故可得

$$\sum_B^B \Delta h_i = -\sum_B^B (\varepsilon_i + \lambda_i) \tag{5-10}$$

式(5-10)称为“理论闭合差”计算式，该式表明，即使水准测量没有测量误差，闭合环线的测量高差总和也不等于零，而应等于正常高改正数的负值。因此计算由测量误差所引起的环线闭合差时，就必须事先加入正常高改正，并从总闭合差中扣除理论闭合差。“理论闭合差”计算式(5-10)是在近似的情况下求得的，“理论闭合差”的严密计算方法见附录 B。

高程异常的计算参见文献[1]，这里不再赘述。

2. 地面点地心大地直角坐标的 GPS 系统测定计算方法

上述确定地面各点的大地坐标是传统的测量计算方法。现代的卫星测量技术可以更方便地获得地心大地直角坐标。如 GPS 系统可直接获得地面点在 WGS-84 坐标系下的坐标，将该坐标通过下面的布尔莎七参数变换公式转换到发射需要的地心大地直角坐标系下：

$$\begin{bmatrix} x_s \\ y_s \\ z_s \end{bmatrix} = (1+m)\begin{bmatrix} x_s \\ y_s \\ z_s \end{bmatrix}_{\text{WGS-84}} + \begin{bmatrix} 0 & \varepsilon_z & -\varepsilon_y \\ -\varepsilon_z & 0 & \varepsilon_x \\ \varepsilon_y & -\varepsilon_x & 0 \end{bmatrix}\begin{bmatrix} x_s \\ y_s \\ z_s \end{bmatrix}_{\text{WGS-84}} + \begin{bmatrix} \Delta x_O \\ \Delta y_O \\ \Delta z_O \end{bmatrix}$$

5.2.3.2　地面点重力及重力分量的确定

地面各点的铅垂重力可以直接测得，天文经纬度也可以测得。地面各点的重力在地心大地直角坐标系下的分量求取方法如下。

局部笛卡儿坐标系(见附录 A)与地心直角坐标系的转换矩阵为

$$\boldsymbol{C}_{sn^*} = \begin{bmatrix} -\sin B_T \cos\lambda_T & \cos B_T \cos\lambda_T & -\sin\lambda_T \\ -\sin B_T \sin\lambda_T & \cos B_T \sin\lambda_T & \cos\lambda_T \\ \cos B_T & \sin B_T & 0 \end{bmatrix}$$

从而有

$$\begin{bmatrix} g_{xs} \\ g_{ys} \\ g_{zs} \end{bmatrix} = \boldsymbol{C}_{sn^*}\begin{bmatrix} 0 \\ -g \\ 0 \end{bmatrix}$$

5.2.3.3　地面点重力位的求法

若已知地表某一固定点 O 的重力位 W_O，要求另一点 A 的重力位 W_A，只需要求得重力位差 $W_A - W_O$ 即可。为了求得重力位差 $W_A - W_O$，需要在 O 点与 A 点之间进行水准测量和重力测量，将 O 点与 A 点用水准路线连接起来，并在水准路线上测量重力 g，然后按下式即可求得位差：

$$W_A - W_O = -\int_O^A g\,\mathrm{d}h = -\sum_O^A g\,\Delta h$$

从而要确定 A 点的重力位的关键就是要精确确定 O 点的重力位 W_O，W_O 可以通过下式

算得：

$$W_O = W_O^* + T_O \tag{5-11}$$

式中：W_O^* 为正常重力位，可以精确算得；T_O 是扰动引力位，重力位 W_O 的求取关键在于 T_O 的计算。

1. T_O 的组合模型法计算

扰动位 T_O 的求取可以通过斯托克斯积分与球谐函数展开的组合模型、残差点质量法、残差单层密度法等组合模型进行计算。O 点的选取以方便重力异常的测量为准则，目标是精确计算 O 点的扰动位 T_O。因为只要求精确计算一点的扰动位，所以测量数据的选择要比弹道导弹扰动引力计算时的选择宽松得多，获取相对方便一些。

(1)采用斯托克斯积分与球谐函数展开的组合模型计算扰动位 T_O。

设 s 阶球谐函数的扰动位为

$$T_s = \frac{fM}{r}\sum_{n=2}^{s}\left(\frac{a}{r}\right)^n \sum_{m=0}^{n}(\bar{C}_{nm}\cos m\lambda_s + \bar{S}_{nm}\sin m\lambda_s)\bar{P}_{nm}(\sin\varphi_s)$$

由此获得残差异常 $\Delta g'$，由斯托克斯公式获得残差扰动位：

$$T_{\text{Stokes}} = \frac{R^2}{4\pi}\iint_{\omega}\Delta g' S(\rho,\psi)\,\mathrm{d}\omega$$

从而获得扰动位为

$$T_O = T_s + T_{\text{Stokes}}$$

(2)采用残差点质量法模型计算扰动位 T_O。

由残差点质量可获得残差扰动位为

$$T_{\text{mass}} = \sum_{j=1}^{k}\frac{M_j}{\rho_j}$$

从而获得扰动位为

$$T_O = T_s + T_{\text{mass}}$$

(3)采用残差单层密度法模型计算扰动位 T_O。

T_O 按式(3-34)计算。

2. T_O 的球谐函数模型局部精化法计算

扰动位 T_O 也可以通过球谐函数位模型算得：

$$T_O = \frac{fM}{r}\sum_{n=2}^{N}\left(\frac{a}{r}\right)^n \sum_{m=0}^{n}(\bar{C}_{nm}\cos m\lambda_s + \bar{S}_{nm}\sin m\lambda_s)\bar{P}_{nm}(\sin\varphi_s)$$

然而，球谐函数位系数 $\bar{C}_{nm}$、$\bar{S}_{nm}$ 的高阶项是不准确的，用此算得的地表扰动引力位是不能满足精度要求的，必须要对球谐函数位系数进行局部精化。球谐函数模型选用国内模型，国内模型是在国外高精度模型的基础上，采用国内的大地测量数据进行局部精化算得的，因而能够更好地符合国内重力位的解算。但即使采用国内球谐函数模型计算地表重力位，其精度还是不能满足要求，为此需要在 O 点附近小区域内进行局部精化，从而算得更加精确的 O 点重力位。地表测量的高精度数据有地表重力值和地表重力垂直梯度，因此可采用这些数据对球谐函数位系数进行局部精化。

首先推求正常重力梯度和扰动引力梯度的球谐函数表达式，它们在后面阐述的球谐函数模型局部精化方法中将会用到。正常重力梯度在地心直角坐标系下的分量求解如下：

$$\cos\lambda_s = \frac{x_s}{\sqrt{x_s^2 + y_s^2}}, \quad \sin\lambda_s = \frac{y_s}{\sqrt{x_s^2 + y_s^2}}$$

$$\begin{cases}\dfrac{\partial\sin\lambda_s}{\partial x_s}=-\dfrac{x_s y_s}{(\sqrt{x_s^2+y_s^2})^3}\\[2ex]\dfrac{\partial\sin\lambda_s}{\partial y_s}=\dfrac{x_s^2}{(\sqrt{x_s^2+y_s^2})^3}\\[2ex]\dfrac{\partial\sin\lambda_s}{\partial z_s}=0\end{cases}$$

$$\frac{\partial\cos\lambda_s}{\partial i}=-\tan\lambda_s\frac{\partial\sin\lambda_s}{\partial i}(i=x_s,y_s,z_s)$$

$$\frac{\partial\sin\varphi_s}{\partial i}=\begin{cases}-\dfrac{iz_s}{r^3}(i=x_s,y_s)\\[2ex]\dfrac{r^2-iz_s}{r^3}(i=z_s)\end{cases}$$

$$\frac{\partial\sin\varphi_s}{\partial i}=-\tan\varphi_s\frac{\partial\sin\varphi_s}{\partial i}(i=x_s,y_s,z_s)$$

$$\left.\begin{cases}\dfrac{\partial g_r}{\partial i}=\dfrac{2fMi}{r^4}-\dfrac{4\mu i}{r^6}(5\sin^2\varphi_s-1)+\dfrac{10\mu}{r^4}\sin\varphi_s\dfrac{\partial\sin\varphi_s}{\partial i}+\omega^2\dfrac{i}{r}\\[2ex]\dfrac{\partial g_\omega}{\partial i}=\dfrac{8\mu i}{r^6}\sin\varphi_s-2\dfrac{\mu}{r^4}\dfrac{\partial\sin\varphi_s}{\partial i}-\omega^2\sin\varphi_s\dfrac{i}{r}-\omega^2 r\dfrac{\partial\sin\varphi_s}{\partial i}\end{cases}\right.(i=x_s,y_s,z_s)$$

$$\left.\begin{aligned}&\frac{\partial\bar{g}_{xs}}{\partial k}=\frac{\partial g_r}{\partial k}\cos\varphi_s\cos\lambda_s+g_r\frac{\partial\cos\varphi_s}{\partial k}\cos\lambda_s+g_r\cos\varphi_s\frac{\partial\cos\lambda_s}{\partial k}\\&\frac{\partial\bar{g}_{ys}}{\partial k}=\frac{\partial g_r}{\partial k}\cos\varphi_s\sin\lambda_s+g_r\frac{\partial\cos\varphi_s}{\partial k}\sin\lambda_s+g_r\cos\varphi_s\frac{\partial\sin\lambda_s}{\partial k}(k=x_s,y_s,z_s)\\&\frac{\partial\bar{g}_{zs}}{\partial k}=\frac{\partial g_r}{\partial k}\sin\varphi_s+g_r\frac{\partial\sin\varphi_s}{\partial k}+\frac{\partial g_\omega}{\partial k}\end{aligned}\right\}\tag{5-12}$$

扰动引力梯度在地心直角坐标系下的张量矩阵求法如下：

扰动引力梯度北东坐标系内的张量计算公式为

$$\left.\begin{aligned}&\delta g_{ee}=\frac{1}{r^2\cos^2\varphi_s}T_{\lambda_s\lambda_s}-\frac{\tan\varphi_s}{r^2}T_{\varphi_s}+\frac{1}{r}T_r\\&\delta g_{nn}=\frac{1}{r^2}T_{\varphi_s\varphi_s}+\frac{1}{r}T_r\\&\delta g_{rr}=T_{rr}\\&\delta g_{en}=\delta g_{ne}=\frac{1}{r^2\cos\varphi_s}T_{\lambda_s\varphi_s}+\frac{\sin\varphi_s}{r^2\cos^2\varphi_s}T_{\lambda_s}\\&\delta g_{er}=\delta g_{re}=\frac{1}{r\cos\varphi_s}T_{\lambda_s r}-\frac{1}{r^2\cos\varphi_s}T_{\lambda_s}\\&\delta g_{nr}=\delta g_{rn}=\frac{1}{r}T_{\varphi_s r}-\frac{1}{r^2}T_{\varphi_s}\end{aligned}\right\}\tag{5-13}$$

利用球谐函数位模型可求得

$$\left.\begin{aligned}
\delta g_{ee} &= \frac{GM}{r^3}\sum_{n=2}^{N}\left(\frac{r}{a}\right)^n\sum_{m=0}^{n}\left[\bar{C}_{nm}\cos(m\lambda_s)+\bar{S}_{nm}\sin(m\lambda_s)\right]P_{nm}^{ee}(\sin\varphi_s)\\
\delta g_{nn} &= \frac{GM}{r^3}\sum_{n=2}^{N}\left(\frac{r}{a}\right)^n\sum_{m=0}^{n}\left[\bar{C}_{nm}\cos(m\lambda_s)+\bar{S}_{nm}\sin(m\lambda_s)\right]P_{nm}^{nn}(\sin\varphi_s)\\
\delta g_{rr} &= \frac{GM}{r^3}\sum_{n=2}^{N}\left(\frac{r}{a}\right)^n\sum_{m=0}^{n}\left[\bar{C}_{nm}\cos(m\lambda_s)+\bar{S}_{nm}\sin(m\lambda_s)\right]P_{nm}^{rr}(\sin\varphi_s)\\
\delta g_{en} &= \frac{GM}{r^3}\sum_{n=2}^{N}\left(\frac{r}{a}\right)^n\sum_{m=0}^{n}\left[\bar{C}_{nm}\sin(m\lambda_s)-\bar{S}_{nm}\cos(m\lambda_s)\right]P_{nm}^{en}(\sin\varphi_s)\\
\delta g_{er} &= \frac{GM}{r^3}\sum_{n=2}^{N}\left(\frac{r}{a}\right)^n\sum_{m=0}^{n}\left[\bar{C}_{nm}\sin(m\lambda_s)-\bar{S}_{nm}\cos(m\lambda_s)\right]P_{nm}^{er}(\sin\varphi_s)\\
\delta g_{nr} &= \frac{GM}{r^3}\sum_{n=2}^{N}\left(\frac{r}{a}\right)^n\sum_{m=0}^{n}\left[\bar{C}_{nm}\cos(m\lambda_s)+\bar{S}_{nm}\sin(m\lambda_s)\right]P_{nm}^{nr}(\sin\varphi_s)
\end{aligned}\right\}\quad(5-14)$$

式中：$\bar{C}_{nm}$ 与 $\bar{S}_{nm}$ 为球谐函数正常化系数。其正常化因子为

$$k=\begin{cases}1, & m=0\\ 2, & m\neq 0\end{cases}$$

$$K_p=\sqrt{\frac{(2n+1)(n-m)!}{(n+m)!}k}$$

根据以下三个递推公式：

$$P_n^m(\sin\varphi_s)=\frac{2n-1}{n-m}\sin\varphi_s P_{n-1}^m(\sin\varphi_s)-\frac{n+m-1}{n-m}P_{n-2}^m(\sin\varphi_s)$$

$$2(m+1)\tan\varphi_s P_n^{m+1}(\sin\varphi_s)=P_n^{m+2}(\sin\varphi_s)+[n(n+1)-m(m+1)]P_n^m(\sin\varphi_s)$$

$$\frac{\mathrm{d}P_n^m(\sin\varphi_s)}{\mathrm{d}\varphi_s}=P_n^{m+1}(\sin\varphi_s)-m\tan\varphi_s P_n^m(\sin\varphi_s)$$

及

$$P_{nm}(\sin\varphi_s)=\frac{1}{K_p}\bar{P}_{nm}(\sin\varphi_s)$$

可推得如下的表达式：

$$\begin{cases}
P_{nm}^{ee}(\sin\varphi_s)=\left[-\dfrac{m^2}{\cos^2\varphi_s}-(n+1)\right]\bar{P}_{nm}(\sin\varphi_s)-\tan\varphi_s\dfrac{\mathrm{d}\bar{P}_{nm}(\sin\varphi_s)}{\mathrm{d}\varphi_s}\\
P_{nm}^{nn}(\sin\varphi_s)=\left[\dfrac{m^2}{\cos^2\varphi_s}-(n+1)^2\right]\bar{P}_{nm}(\sin\varphi_s)+\tan\varphi_s\dfrac{\mathrm{d}\bar{P}_{nm}(\sin\varphi_s)}{\mathrm{d}\varphi_s}\\
P_{nm}^{rr}(\sin\varphi_s)=(n+1)(n+2)\bar{P}_{nm}(\sin\varphi_s)\\
P_{nm}^{en}(\sin\varphi_s)=-\dfrac{m\sin\varphi_s}{\cos^2\varphi_s}\bar{P}_{nm}(\sin\varphi_s)-\dfrac{m}{\cos\varphi_s}\dfrac{\mathrm{d}\bar{P}_{nm}(\sin\varphi_s)}{\mathrm{d}\varphi_s}\\
P_{nm}^{er}(\sin\varphi_s)=\dfrac{m(n+2)}{\cos\varphi_s}\bar{P}_{nm}(\sin\varphi_s)\\
P_{nm}^{nr}(\sin\varphi_s)=-(n+2)\dfrac{\mathrm{d}\bar{P}_{nm}(\sin\varphi_s)}{\mathrm{d}\varphi_s}
\end{cases}$$

从而按式(5-14)可算得北东坐标系内扰动引力梯度张量矩阵为

$$\boldsymbol{\Gamma}_{\delta g}^{(n,r,e)}=\begin{bmatrix}\delta g_{nn} & \delta g_{nr} & \delta g_{ne}\\ \delta g_{rn} & \delta g_{rr} & \delta g_{re}\\ \delta g_{en} & \delta g_{er} & \delta g_{ee}\end{bmatrix}$$

可求得地心大地直角坐标系内扰动引力梯度张量矩阵为

$$\boldsymbol{\Gamma}_{\delta g}^{(x_s,y_s,z_s)}=\begin{bmatrix}\delta g_{x_sx_s} & \delta g_{x_sy_s} & \delta g_{x_sz_s}\\ \delta g_{y_sx_s} & \delta g_{y_sy_s} & \delta g_{y_sz_s}\\ \delta g_{z_sx_s} & \delta g_{z_sy_s} & \delta g_{z_sz_s}\end{bmatrix}=\boldsymbol{C}_{sn}\boldsymbol{\Gamma}_{\delta g}^{(n,r,e)}\boldsymbol{C}_{sn}^{\mathrm{T}}$$

正常重力在局部笛卡儿坐标系下的分量可以表示为

$$\begin{bmatrix}g^*_{n^*}\\ g^*_{r^*}\\ g^*_{e^*}\end{bmatrix}=\boldsymbol{C}_{sn^*}^{\mathrm{T}}\begin{bmatrix}g^*_{xs}\\ g^*_{ys}\\ g^*_{zs}\end{bmatrix}$$

扰动引力在局部笛卡儿坐标系下的分量可以表示为

$$\begin{bmatrix}\delta g_{n^*}\\ \delta g_{r^*}\\ \delta g_{e^*}\end{bmatrix}=\boldsymbol{C}_{sn^*}^{\mathrm{T}}\boldsymbol{C}_{sn}\begin{bmatrix}\delta g_{n}\\ \delta g_{r}\\ \delta g_{e}\end{bmatrix}$$

正常重力梯度在局部笛卡儿坐标系下的张量矩阵可以表示为

$$\boldsymbol{\Gamma}_{g^*}^{(n^*,r^*,e^*)}=\begin{bmatrix}g^*_{n^*n^*} & g^*_{n^*r^*} & g^*_{n^*e^*}\\ g^*_{r^*n^*} & g^*_{r^*r^*} & g^*_{r^*e^*}\\ g^*_{e^*n^*} & g^*_{e^*r^*} & g^*_{e^*e^*}\end{bmatrix}=\boldsymbol{C}_{sn^*}^{\mathrm{T}}\boldsymbol{\Gamma}_{g^*}^{(x_s,y_s,z_s)}\boldsymbol{C}_{sn^*}$$

扰动引力梯度在局部笛卡儿坐标系下的张量矩阵可以表示为

$$\boldsymbol{\Gamma}_{\delta g}^{(n^*,r^*,e^*)}=\begin{bmatrix}\delta g_{n^*n^*} & \delta g_{n^*r^*} & \delta g_{n^*e^*}\\ \delta g_{r^*n^*} & \delta g_{r^*r^*} & \delta g_{r^*e^*}\\ \delta g_{e^*n^*} & \delta g_{e^*r^*} & \delta g_{e^*e^*}\end{bmatrix}=\boldsymbol{C}_{sn^*}^{\mathrm{T}}\boldsymbol{\Gamma}_{\delta g}^{(x_s,y_s,z_s)}\boldsymbol{C}_{sn^*}$$

从而利用球谐函数位模型算得的地表重力为 $g^*_{r^*}+\delta g_{r^*}$，地表重力垂直梯度为 $g^*_{r^*r^*}+\delta g_{r^*r^*}$。由上面的推导可知 δg_{r^*} 与 $\delta g_{r^*r^*}$ 可以表示成 $\bar{C}_{nm}$、$\bar{S}_{nm}$ 的函数：

$$\begin{cases}\delta g_{r^*}=F_1(\bar{C}_{nm},\bar{S}_{nm})\\ \delta g_{r^*r^*}=F_2(\bar{C}_{nm},\bar{S}_{nm})\end{cases}$$

当 $\bar{C}_{nm}$、$\bar{S}_{nm}$ 存在误差 ΔC_{nm}、ΔS_{nm} 时，δg_{r^*} 与 $\delta g_{r^*r^*}$ 存在误差：

$$\begin{cases}\Delta\delta g_{r^*}=F_1(\Delta C_{nm},\Delta S_{nm})\\ \Delta\,\delta g_{r^*r^*}=F_2(\Delta C_{nm},\Delta S_{nm})\end{cases}$$

设地表实测重力值为 g，实测重力垂直梯度值为 $g_{r^*r^*}$，则有

$$\begin{cases}\Delta\delta g_{r^*}=F_1(\Delta C_{nm},\Delta S_{nm})=-g-(g^*_{r^*}+\delta g_{r^*})\\ \Delta\,\delta g_{r^*r^*}=F_2(\Delta C_{nm},\Delta S_{nm})=-g_{r^*r^*}-(g^*_{r^*r^*}+\delta g_{r^*r^*})\end{cases}$$

记

$$\begin{cases}\Delta g=-g-(g^*_{r^*}+\delta g_{r^*})\\ \Delta g_r=-g_{r^*r^*}-(g^*_{r^*r^*}+\delta g_{r^*r^*})\end{cases}$$

对于 O 点附近的 q 个测点，可以获得 q 个值 Δg^i、$\Delta g_r{}^i(i=1,2,\cdots,q)$，从而得到方程组：

$$\begin{cases} F_1^i(\Delta C_{nm},\Delta S_{nm})=\Delta g^i \\ F_2^i(\Delta C_{nm},\Delta S_{nm})=\Delta g_r{}^i \end{cases}(i=1,2,\cdots,q)$$

解算此方程组即可得 ΔC_{nm}、ΔS_{nm}，从而获得 O 点的扰动引力位：

$$T_O=\frac{fM}{r}\sum_{n=2}^{N}\left(\frac{a}{r}\right)^n\sum_{m=0}^{n}[(\bar{C}_{nm}+\Delta C_{nm})\cos m\lambda_s+(\bar{S}_{nm}+\Delta S_{nm})\sin m\lambda_s]\bar{P}_{nm}(\sin\varphi_s)$$

代入式(5-11)即可算得地表重力位。

5.2.4 仿真算例

选择中国境内四个足够近的四个点，其经纬度分别为 $p_1(108°,34°)$、$p_2(108°2'',33°58'')$、$p_3(108°,34°4'')$、$p_4(108°2'',34°2'')$。各点的地心矢径通过下式计算：

$$r=a(1-\alpha)\sqrt{\frac{1}{\sin^2\varphi_s+(1-\alpha)^2\cos^2\varphi_s}}+4\ 000$$

假设实际重力为正常重力，则 $\delta_{AB}=\delta_{AB}^1$。如此，可以根据这四个点的地心坐标通过微分方程组积分计算获得四条力线上四个点 p'_1、p'_2、p'_3、p'_4 的正常重力。再用正常重力公式计算这四个点的正常重力，与力线方程组积分算得的结果进行比较，考察力线方程组计算高空重力的精度。采用四阶龙格库塔-四阶阿达姆斯数值积分公式(见附录 C)进行力线方程组的积分计算，积分步长为 $\Delta s=50$ m，可获得第一条力线上的重力计算精度，如图 5-1 所示。

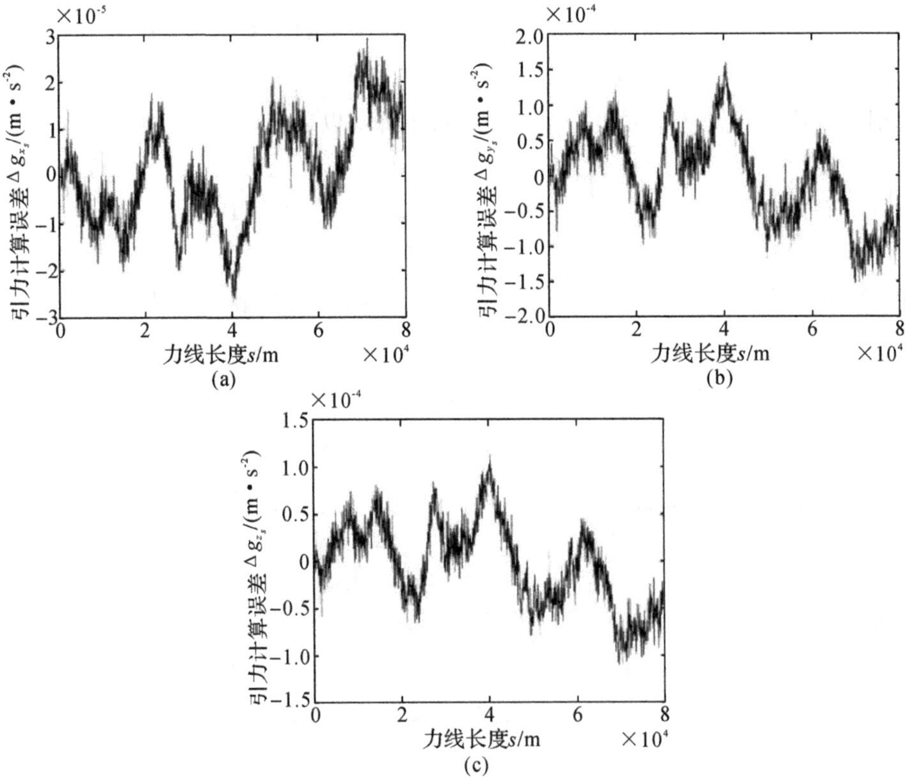

图 5-1 第一条力线上的重力计算结果 1

由图 5-1 可知，通过四阶龙格库塔-四阶阿达姆斯数值积分方法解力线方程组求重力在力线上最大可导致 15 mgal 左右的误差，其他三条力线有类似的误差。因为对于正常重力来说，δ_{AB} 可以精确计算，其误差完全由数值积分误差和地面四点间距选择造成。地面四点间距决定着力线方程组系数矩阵求逆的精度，从而影响重力计算精度与数值积分精度。当地面点选为 $p_1(108°,34°)$、$p_2(108°2'',33°58'')$、$p_3(108°,34°4'')$、$p_4(108°2'',34°2'')$时，采用四阶龙格库塔-四阶阿达姆斯数值积分公式进行力线方程组的积分计算，可获得第一条力线上的重力计算精度，如图 5-2 所示。

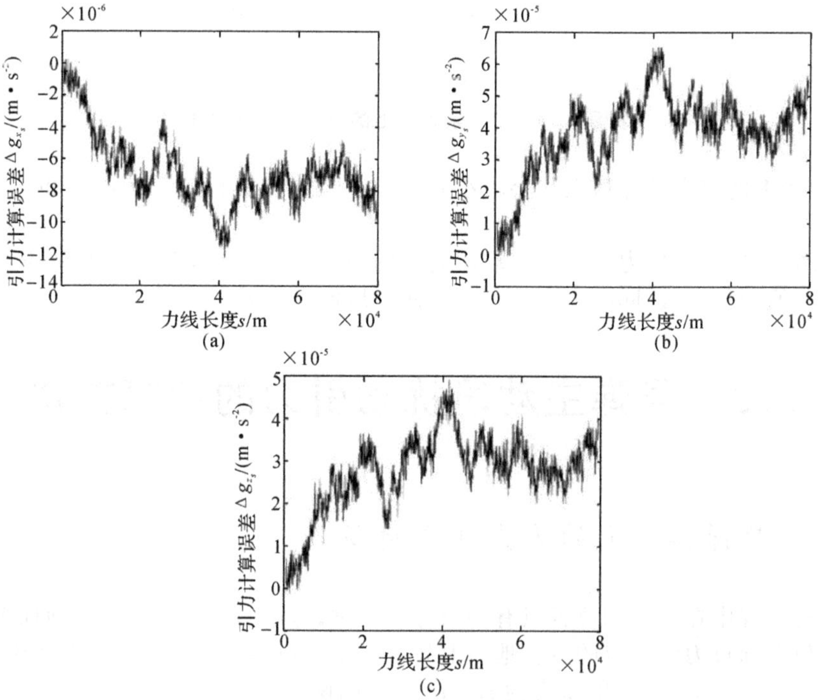

图 5-2 第一条力线上的重力计算结果 2

由图 5-2 可知，当四点间距变化后，通过四阶龙格库塔-四阶阿达姆斯数值积分方法解力线方程组求重力的误差减小了。当采用更高精度的数值积分方法——五阶龙格库塔-四阶阿达姆斯数值积分进行力线方程组的求解时，第一条力线上的重力计算精度如图 5-3 所示。

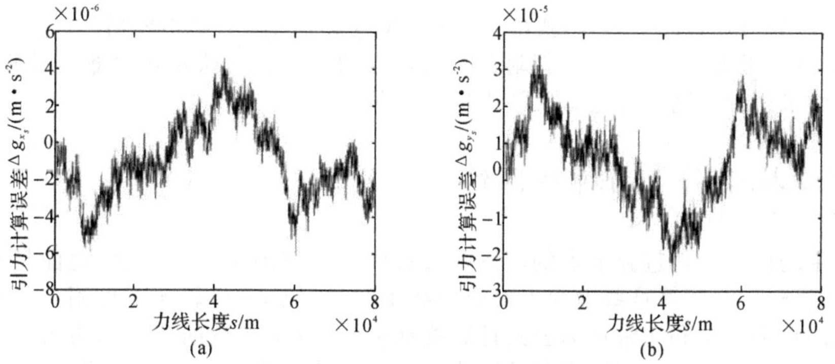

图 5-3 第一条力线上的重力计算结果 3

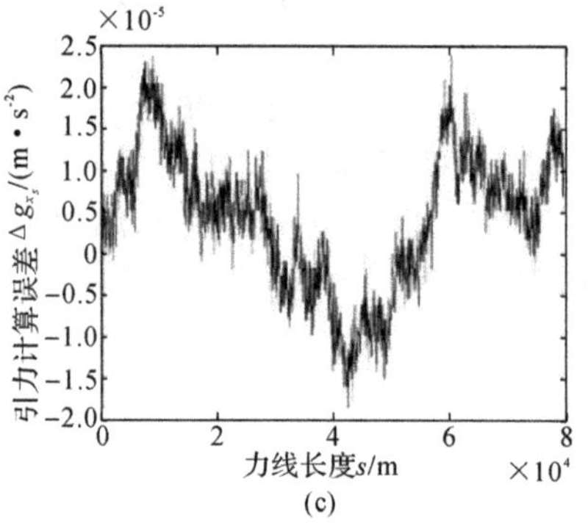

(c)

续图 5-3　第一条力线上的重力计算结果 3

可见，力线上的重力计算最大误差减小到 3 mgal 左右，其他三条力线上也有类似的计算结果。

由仿真结果可知，采用力线方程组求解高空的重力是可行的，但要获得高的解算精度，需要高精度的数值积分方法，同时也要合理选择四个地面点的间距。

5.3　导弹主动段扰动引力的计算方法

5.3.1　导弹弹道上的重力计算问题

导弹飞行过程中在所处的位置只有一条力线穿过，这条力线也只能穿过地面上的一个点，即导弹所处位置通过力线对应的点在地面上只有一个。设导弹所处的位置在笛卡儿坐标系下的坐标为 L_x、L_y、L_z，则导弹的重力为 L_x、L_y、L_z 的函数设为

$$(g_x, g_y, g_z) = f(L_x(s), L_y(s), L_z(s)) \tag{5-15}$$

L_x、L_y、L_z 可由弹上测量装置计算出，但 s 不定，可由地面力线对应点的初始条件和力线及其附近空间各点的重力梯度张量迭代求出。地面对应点的初始条件为

$$(g_{x0}, g_{y0}, g_{z0}) = f(L_x(s), L_y(s), L_z(s))\big|_{s=0} \tag{5-16}$$

(g_{x0}, g_{y0}, g_{z0}) 可由地面测量仪器测量计算获得；$(L_x(s), L_y(s), L_z(s))\big|_{s=0}$ 为地面力线对应点坐标。

要通过式(5-1)、式(5-15)和式(5-16)求出 (g_x, g_y, g_z) 是不容易的，这是一个复杂的迭代过程，计算量很大，并且力线及其附近空间各点的重力梯度张量也是难以获得的，必须另找途径。下面采用神经网络逼近算法解决这一问题。

5.3.2　扰动引力的神经网络逼近算法

在导弹主动段飞行轨迹弹下点的两侧附近对称选取有限个求解区域(地面足够接近的四个点)，利用式(5-2)，解算这些地面点对应力线上弹道导弹飞行轨迹高度附近点的重力。然后用这些点的重力数据和正常重力公式计算扰动引力，以这些点的扰动引力为神经网络训练数据，进行神经网络训练，将训练得到的网络权值和阈值作为诸元装定在弹上，实际飞行轨迹上的扰动引力采用神经网络进行逼近。扰动引力的 BP 神经网络逼近算法见第 4 章。

第 6 章　弹道导弹扰动引力影响补偿方案

弹道导弹始终在地球引力的作用下飞行，扰动引力对弹道导弹特别是远程弹道导弹命中精度的影响是不能忽视的，为了提高弹道导弹的命中精度，必须要对扰动引力的影响进行补偿。第 3～5 章研究了弹道导弹扰动引力的计算方法与弹上实时计算的逼近算法。本章将在弹道导弹扰动引力精确计算的基础上研究弹道导弹扰动引力的补偿方案。目前在设计弹道时，采用的是基于正常引力的标准弹道，弹上装定的诸元是按此标准弹道解算的。因此对扰动引力的补偿，可从两个角度着手：一是基于正常引力标准弹道解算装定诸元，在此基础上探讨扰动引力补偿方案；二是改变当前标准弹道的理念，采用精确引力模型设计标准弹道，计算装定诸元，在此基础上探讨扰动引力补偿方案。弹上导航解算是存在工具误差的，本章最后讨论制导工具误差对扰动引力补偿方法补偿效果的影响。

6.1　基于正常引力模型标准弹道的扰动引力补偿

当弹道导弹采用基于正常引力模型的标准弹道计算装定诸元时，将对弹道导弹主动段和被动段的扰动引力影响分别进行补偿。主动段扰动引力影响着弹上导航计算，从而影响导引与关机控制；被动段扰动引力直接影响导弹的飞行，从而影响命中精度。下面首先阐述主动段扰动引力的补偿方案。

6.1.1　主动段扰动引力补偿方案

弹道导弹主动段扰动引力的补偿可采用三种方案：关机量补偿方案、关机点参数补偿方案和直接补偿引力计算模型方案。下面分别进行阐述。

6.1.1.1　关机量补偿方案

目前，弹上常用的摄动制导关机方程为

$$\Delta L = L - \bar{L} = 0$$

式中

$$\Delta L = \frac{\partial L}{\partial v_x}(v_x - \bar{v}_x) + \frac{\partial L}{\partial v_y}(v_y - \bar{v}_y) + \frac{\partial L}{\partial v_z}(v_z - \bar{v}_z) + \frac{\partial L}{\partial x}(x - \bar{x}) + \frac{\partial L}{\partial y}(y - \bar{y}) + \frac{\partial L}{\partial z}(z - \bar{z}) + \frac{\partial L}{\partial t}(t - \bar{t})$$

$\frac{\partial L}{\partial i}(i = v_x, v_y, v_z, x, y, z, t)$ 为标准弹道关机点偏导数。

关机量为

$$\bar{L} = \frac{\partial L}{\partial v_x}\bar{v}_x + \frac{\partial L}{\partial v_y}\bar{v}_y + \frac{\partial L}{\partial v_z}\bar{v}_z + \frac{\partial L}{\partial x}\bar{x} + \frac{\partial L}{\partial y}\bar{y} + \frac{\partial L}{\partial z}\bar{z} + \frac{\partial L}{\partial t}\bar{t}$$

式(2-12)给出了主动段扰动引力对射程偏差的影响，为了对此影响进行修正，一个最直观的引力补偿方案是按下列条件关机：

$$\Delta L + \Delta L_g = 0$$

新的关机量为

$$\bar{L}_g = \frac{\partial L}{\partial v_x}\bar{v}_x + \frac{\partial L}{\partial v_y}\bar{v}_y + \frac{\partial L}{\partial v_z}\bar{v}_z + \frac{\partial L}{\partial x}\bar{x} + \frac{\partial L}{\partial y}\bar{y} + \frac{\partial L}{\partial z}\bar{z} + \frac{\partial L}{\partial t}\bar{t} - \Delta L_g$$

设主动段扰动引力引起的落点横向偏差为 ΔH_g，同理可得横向导引量为

$$\bar{H}_g = \frac{\partial H}{\partial v_x}\bar{v}_x + \frac{\partial H}{\partial v_y}\bar{v}_y + \frac{\partial H}{\partial v_z}\bar{v}_z + \frac{\partial H}{\partial x}\bar{x} + \frac{\partial H}{\partial y}\bar{y} + \frac{\partial H}{\partial z}\bar{z} + \frac{\partial H}{\partial t}\bar{t} - \Delta H_g$$

式中：$\frac{\partial H}{\partial i}(i = v_x, v_y, v_z, x, y, z, t)$ 为标准弹道关机点偏导数。

按新的关机量关机和新的导引量进行导引，就能实现主动段扰动引力的补偿。

6.1.1.2 关机点参数补偿方案

利用式(2-19)或者标准弹道积分计算主动段扰动引力引起的关机点状态参数偏差：δv_x、δv_y、δv_z、δx、δy、δz，根据关机点偏导数对关机量进行补偿：

$$\begin{aligned}\bar{L}'_g = & \frac{\partial L}{\partial v_x}\bar{v}_x + \frac{\partial L}{\partial v_y}\bar{v}_y + \frac{\partial L}{\partial v_z}\bar{v}_z + \frac{\partial L}{\partial x}\bar{x} + \frac{\partial L}{\partial y}\bar{y} + \frac{\partial L}{\partial z}\bar{z} + \frac{\partial L}{\partial t}\bar{t} - \\ & \left(\frac{\partial L}{\partial v_x}\delta v_x + \frac{\partial L}{\partial v_y}\delta v_y + \frac{\partial L}{\partial v_z}\delta v_z + \frac{\partial L}{\partial x}\delta x + \frac{\partial L}{\partial y}\delta y + \frac{\partial L}{\partial z}\delta z\right)\end{aligned}$$

同理可得横向导引量为

$$\begin{aligned}\bar{H}'_g = & \frac{\partial H}{\partial v_x}\bar{v}_x + \frac{\partial H}{\partial v_y}\bar{v}_y + \frac{\partial H}{\partial v_z}\bar{v}_z + \frac{\partial H}{\partial x}\bar{x} + \frac{\partial H}{\partial y}\bar{y} + \frac{\partial H}{\partial z}\bar{z} + \frac{\partial H}{\partial t}\bar{t} - \\ & \left(\frac{\partial H}{\partial v_x}\delta v_x + \frac{\partial H}{\partial v_y}\delta v_y + \frac{\partial H}{\partial v_z}\delta v_z + \frac{\partial H}{\partial x}\delta x + \frac{\partial H}{\partial y}\delta y + \frac{\partial H}{\partial z}\delta z\right)\end{aligned}$$

按上述关机量和导引量进行关机和导引，即可实现主动段扰动引力的补偿。

6.1.1.3 直接补偿引力计算模型方案

弹道导弹的位置和速度是通过弹上导航方程计算得到的。弹上导航方程是指弹体在 t_j 时刻发射惯性坐标系中速度、位置的递推公式：

$$\begin{bmatrix} v_x \\ v_y \\ v_z \end{bmatrix}_j = \begin{bmatrix} v_x \\ v_y \\ v_z \end{bmatrix}_{j-1} + \begin{bmatrix} \Delta W_x \\ \Delta W_y \\ \Delta W_z \end{bmatrix}_j + \frac{T}{2}\left[\begin{bmatrix} g_x \\ g_y \\ g_z \end{bmatrix}_{j-1} + \begin{bmatrix} g_x \\ g_y \\ g_z \end{bmatrix}_j\right] \tag{6-1}$$

$$\begin{bmatrix} x \\ y \\ z \end{bmatrix}_j = \begin{bmatrix} x \\ y \\ z \end{bmatrix}_{j-1} + T\left[\begin{bmatrix} v_x \\ v_y \\ v_z \end{bmatrix}_{j-1} + \frac{1}{2}\begin{bmatrix} \Delta W_x \\ \Delta W_y \\ \Delta W_z \end{bmatrix}_j + \frac{T}{2}\begin{bmatrix} g_x \\ g_y \\ g_z \end{bmatrix}_{j-1}\right] \tag{6-2}$$

式中：T 为计算周期；j 为其计数；ΔW_x、ΔW_y、ΔW_z 为一个周期内发射惯性系下的视速度增量；g_x、g_y、g_z 为引力加速度在发射惯性坐标系下的分量。

将扰动引力直接加入导航方程进行计算：

$$\begin{bmatrix} v_x \\ v_y \\ v_z \end{bmatrix}_j = \begin{bmatrix} v_x \\ v_y \\ v_z \end{bmatrix}_{j-1} + \begin{bmatrix} \Delta W_x \\ \Delta W_y \\ \Delta W_z \end{bmatrix}_j + \frac{T}{2}\left[\begin{bmatrix} g_x+\delta g_x \\ g_y+\delta g_y \\ g_z+\delta g_z \end{bmatrix}_{j-1} + \begin{bmatrix} g_x+\delta g_x \\ g_y+\delta g_y \\ g_z+\delta g_z \end{bmatrix}_j\right] \tag{6-3}$$

$$\begin{bmatrix} x \\ y \\ z \end{bmatrix}_j = \begin{bmatrix} x \\ y \\ z \end{bmatrix}_{j-1} + T\left[\begin{bmatrix} v_x \\ v_y \\ v_z \end{bmatrix}_{j-1} + \frac{1}{2}\begin{bmatrix} \Delta W_x \\ \Delta W_y \\ \Delta W_z \end{bmatrix}_j + \frac{T}{2}\begin{bmatrix} g_x+\delta g_x \\ g_y+\delta g_y \\ g_z+\delta g_z \end{bmatrix}_{j-1}\right] \tag{6-4}$$

如此便能够实现扰动引力的精确补偿。

由于目前弹载计算机的计算速度有限，所以为了实现扰动引力在弹上的实时计算，必须采用弹上扰动引力的逼近算法进行计算，以提高计算速度，实现实时补偿。

6.1.1.4　仿真分析

选择一条射程为 7 300 km 左右的导弹进行仿真计算，其导弹射击条件同 2.2.1 节。扰动引力采用 GEM94 球谐函数模型计算，其引起的落点偏差为：纵向 418.9 m，横向 −99.4 m。当采用关机量补偿方案进行导弹主动段扰动引力补偿时，对于零干扰弹道，进行扰动引力补偿后，落点存在误差：纵向 43.09 m，横向 8.01 m。给弹道加上干扰，其干扰引起的落点偏差为：纵向 −5 250.6 m，横向 1 505.9 m。对干扰弹道进行扰动引力补偿后，落点存在误差：纵向 162.0 m，横向 15.7 m。可见采用关机量补偿方案补偿扰动引力的影响，其补偿误差可达 100 m 以上。

采用关机点参数补偿方案与关机量补偿方案类似，都是按标准弹道扰动引力的影响进行补偿，与实际弹道存在偏差。其补偿误差也可达 100 m 以上。

采用直接补偿引力模型方案，能够精确计算实际弹道上的扰动引力，对实际弹道上的扰动引力影响进行精确修正。实际弹道上的扰动引力计算精度越高，其补偿精度越高。三种补偿方案中，此方案补偿精度最高。

6.1.2　被动段扰动引力闭路制导补偿方案

主动段扰动引力的影响在完全得到补偿后，被动段若按正常引力计算则可以精确命中目标点。但实际上被动段存在着扰动引力的影响，会致使导弹偏离目标点。被动段扰动引力的影响无法采用主动段的补偿思想进行补偿，在此采用闭路制导方法进行补偿。若主动段采用的是摄动制导方法，则需要在导弹主动段关机后采用一小段的闭路制导来进行导引控制，对速度进行调整，直到消除被动段扰动引力对落点的影响；若主动段采用的是闭路制导方法，则对扰动引力的补偿只须对虚拟目标点进行修正。下面具体阐述闭路制导补偿扰动引力的方法。

6.1.2.1　闭路制导思想

闭路制导是一种显式制导方法，方法误差较小。它首先要确定虚拟目标，然后再以虚拟目标为基准求解需要速度，导弹在任一点处的需要速度是这样一个速度矢量，若导弹具有此速度并立即关闭发动机，而后导弹将按惯性飞行，经自由飞行段和再入段而达到目标点。闭路制导基本思路是：采用“需要速度”的概念，根据弹的“状态”（速度 $\boldsymbol{v}$，位置 $\boldsymbol{r}$）及目标的位置 $\boldsymbol{r}_T$，实时确定需要速度 $\boldsymbol{v}_{\mathrm{R}}$ 和速度 $\boldsymbol{v}$ 的差矢量 $\boldsymbol{v}_{ga}$，控制导弹的推力方向，使导弹的绝对加速度和 $\boldsymbol{v}_{ga}$ 一致，使 $\boldsymbol{v}_{ga}$ 以最短时间（消耗燃料最少）达到零，当 $\boldsymbol{v}_{ga}=\boldsymbol{0}$ 时关机。按照 $\boldsymbol{v}_{\mathrm{R}}$ 的定义，此时关机导弹将命中目标。

6.1.2.2 虚拟目标点确定

闭路制导通常在大气层之外进行，它首先要确定基于标准弹道的虚拟目标点位置。根据需要速度的定义，求某一点的需要速度，需要解自由飞行段弹道和再入段弹道，并且要通过迭代计算才能确定，即使采用自由飞行轨道解析解和再入轨道解析解在弹上实时解算需要速度也比较复杂。确定虚拟目标点是为了简化需要速度的计算，以提供弹上实时完成计算的可能。

对远程弹道导弹而言，再入阻力对落点偏差的影响比较小，只有几百米的量级。地球引力的扁率影响也不大，为十几千米的量级。上述二者的铰链影响就更小，只有几米，可以忽略不计。因此，可以设法对再入阻力影响和地球扁率影响预先进行单独修正，即事先分别求出它们所造成的落点经、纬度偏差，然后在目标的经度、纬度上加上这两项偏差的负值，便可得到虚拟目标的位置(经度和纬度)。考虑到被动段扰动引力的影响，还需要将扰动引力所造成的落点经、纬度偏差修正到虚拟目标中，扰动引力与再入阻力的铰链影响很小，只有几米。

这样，不计地球扁率、再入阻力以及扰动引力的惯性飞行轨道便是平面椭圆轨道，因而通过发射点和虚拟目标的椭圆轨道所确定的需要速度，便能保证导弹的实际飞行轨道经过真正的目标点。

(1)再入阻力影响的修正。为减小再入气动影响造成的落点散布，导弹弹头采用零攻角再入。对于零攻角再入，再入阻力对落点的影响取决于再入速度、再入弹道倾角及弹头的重阻比。对于一定型号的导弹，弹头的质量、气动特性已经确定，于是再入阻力影响可用一个再入速度、再入弹道倾角的函数来描述。目前已有标准大气情况下再入运动的解析解法，也可用拟合的方法拟合出简单的经验公式，用来实现再入阻力影响的计算。然而，由于导弹在主动段运动中各点的需要速度不同，再入速度和倾角均在变化中，因而各点的再入影响也不同，这要求在计算需要速度过程中每次都计算再入阻力影响，从而增加了计算量。对地地弹道导弹来说，真正有意义的且是实际出现的，是关机点参数对应的再入阻力引起的落点偏差，因而在主动段各点求需要速度时，其再入阻力影响都可按关机点对应的再入阻力影响进行考虑，只计算一次关机点对应的再入阻力影响便可。当由给定的发射点向给定的目标射击时，各种干扰的作用使得实际的关机点在标准弹道的关机点附近摄动，其对应的再入阻力影响与标准关机点对应的再入阻力影响的差别可忽略不计。因此，可按标准弹道的关机点参数确定再入阻力造成的落点偏差，将给定目标点的经、纬度分别减去再入阻力造成的经度和纬度偏差，便得到考虑再入阻力影响的虚拟目标位置。

(2)地球扁率影响的修正。主动段不同点的需要速度对应的地球引力扁率影响是不同的，可按标准弹道关机点处需要速度对应的地球引力扁率影响进行修正。关于地球引力扁率影响的计算，可利用被动段解析解公式，分别令 $J=$固定值和 $J=0$ 计算落点，求出的落点偏差便是地球引力扁率影响所造成的。与考虑再入阻力影响的虚拟目标位置的确定方法相同，考虑地球引力扁率影响的虚拟目标位置确定方法，也是从目标经度、纬度中分别减去扁率影响造成的落点的经度和纬度偏差。

(3)扰动引力影响的修正。由于实际弹道被动段在标准弹道被动段附近摄动，所以扰动引力的影响不同，但是相差不大。因此可按标准弹道被动段扰动引力影响造成的落点经、纬度偏差进行修正。扰动引力影响的虚拟目标位置确定方法，也是从目标经度、纬度分别减去扰动引力影响造成的落点经、纬度偏差。扰动引力的影响造成的落点经、纬度偏差的计算可采用式

(2-25)确定，但精度较差，误差达几十米，因而可直接通过解算被动段弹道确定。

综上所述，在发射前根据标准弹道关机点参数分别确定再入阻力、地球引力扁率及扰动引力造成的落点偏差，然后将目标位置的经、纬度减去这几个因素造成的落点偏差，便可得到虚拟目标位置。

6.1.2.3　闭路制导导引

闭路制导方法是一种方法误差较小且实用的制导方法。其中，如何将实际速度导引到需要速度至关重要，通常的闭路制导导引方法在关机点附近不稳定，会产生一定的方法误差。为了避免这种导引不稳定的影响，本节给出一种以目标瞬时方位角为基准的新型闭路制导导引方法。该方法在关机点附近导引稳定，导引引起的方法误差较小。

1. 闭路制导导引方法的导引缺陷

通常的闭路制导导引方法导引原则是"使导弹的加速度 $\dot{\boldsymbol{v}}$ 与 $\boldsymbol{v}_{ga}$ 一致"，常采用以下导引公式：

$$\Delta\varphi=\varphi_g-\varphi_a=\frac{v_{gay}\Delta v_x-v_{gax}\Delta v_y}{v_{gax}\Delta v_x+v_{gay}\Delta v_y},\Delta\psi=\psi_g-\psi_a=\frac{v'_{gx}\Delta v_z-v_{gaz}\Delta v'_x}{v'_{gx}\Delta v'_x+v_{gaz}\Delta v_z}$$

式中：$v'_{gx}=\sqrt{v_{gax}^2+v_{gay}^2}$；$\Delta v'_x=\sqrt{\Delta v_x^2+\Delta v_y^2}$；$v_{gax}$、$v_{gay}$、$v_{gaz}$ 分别是当前速度增量$\boldsymbol{v}_{ga}=\boldsymbol{v}_R-\boldsymbol{v}$ 在发射惯性坐标系下的三个分量(见图 6-1)；$\boldsymbol{v}_R$ 是当前的需要速度；Δv_x、Δv_y、Δv_z 是当前一定步长间隔的两相邻速度差的三个分量。将 $\Delta\varphi$、$\Delta\psi$ 加入控制方程，从而进行导引控制。

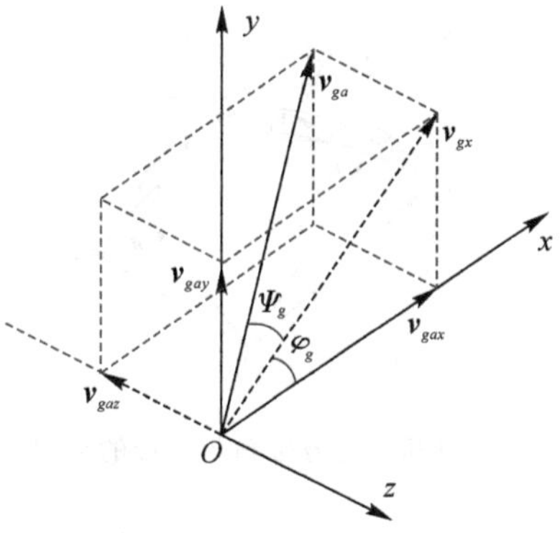

图 6-1　矢量的空间方位角

按此导引方法在某型号导弹上进行闭路制导仿真计算得如图 6-2 所示的结果(关机时间在 262 s 左右)。

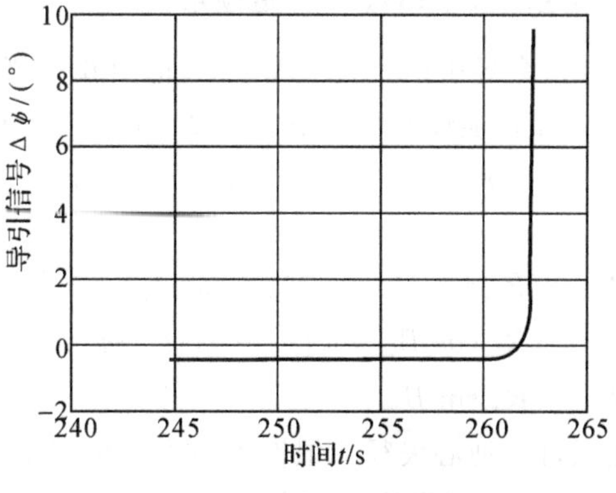

图 6-2　"$\boldsymbol{v}$ 与 $\boldsymbol{v}_{ga}$ 一致"导引信号

可知 $\Delta\varphi$ 在关机点附近不稳定，这是因为在关机点附近，$\boldsymbol{v}_{ga}$ 接近于零时，$\boldsymbol{v}_{\mathrm{R}}$ 的微小变化就会使 $\boldsymbol{v}_{ga}$ 的方向变化很大，即导弹有很大的转动角速度。通常情况下，在关机点附近常取 $\Delta\varphi=0$ 进行导引，但这样导引难免会引起方法误差。此外，若速度增量方向与导弹加速度方向平行，而位置却不在同一弹道平面内，在这种情况下使用以上导引准则便不能进行导引了。

2. 目标瞬时方位角为基准的新型导引方法

本节提出的以目标瞬时方位角为基准的新型导引方法能够克服以上缺点，其具体思想如下：导弹在 K 点的速度达到需要速度 $\boldsymbol{v}_{\mathrm{R}}$ 时，设 $\boldsymbol{r}_K$ 和 $\boldsymbol{v}_{\mathrm{R}}$ 确定平面与当地子午面的夹角为 $\hat{\alpha}$（简称为目标瞬时方位角），若导弹在关机点 K 关机，则被动段惯性弹道平面与关机点在惯性球壳上的投影点的子午面间的二面角 $\hat{A}$ 应该与 $\dot{\alpha}$ 相等(见图 6－3)。图 6－3 中，O 为发射点，O_{E} 为地心，T 为虚拟目标点，M 为实际目标点，K 为关机点，P 为当前点，若在 P 点关机，落点为 P_M（不考虑地球扁率、再入阻力与扰动引力影响时），N 指向正北。

采用以目标瞬时方位角为基准的新型导引方法时，导弹需要速度的倾角取实时飞行倾角，如此一来，向需要速度的导引便不需要法向导引信号调整，只要保证 $\hat{A}$ 与 $\dot{\alpha}$ 始终相等，导弹的速度就会达到需要速度。

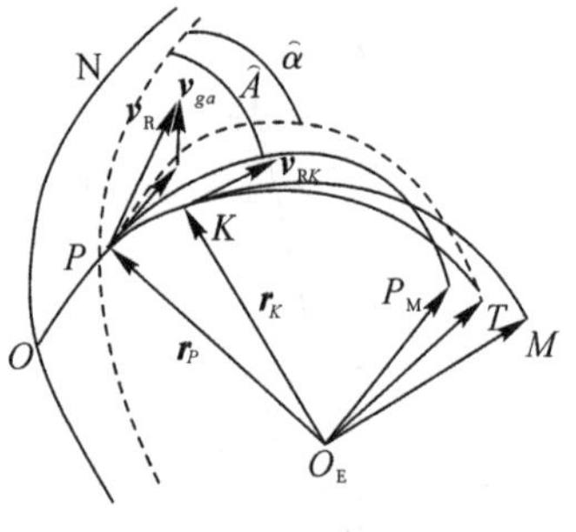

图 6－3　目标瞬时方位角为基准的导引方法

(1)弹道倾角的确定方法。弹道倾角取实时飞行倾角：

$$\Theta_A=\arcsin\left(\frac{v_x r_x+v_y r_y+v_z r_z}{rv}\right)$$

式中：r_x、r_y、r_z 为地心矢径在发射惯性坐标系下的分量；v_x、v_y、v_z 为速度在发射惯性坐标系下的分量；r、v 为地心矢径和速度大小；Θ_A 为弹道倾角。

(2)具体导引信号的求取。令导引信号 $\sigma=\hat{A}-\dot{\alpha}$，把图 6－3 简化为图 6－4，图 6－4 中，$\boldsymbol{R}_m$ 为虚拟目标点矢径，$\boldsymbol{v}$ 为导弹在惯性坐标系下的速度。由图 6－4，则有

$$(\boldsymbol{R}_m\times\boldsymbol{r})\cdot\boldsymbol{v}=R_m rv\sin\beta_n\cos\Theta_A\sin\sigma \tag{6-5}$$

而

$$\left.\begin{aligned}R_{mxs}&=R_m\cos B_m\cos\left[\lambda_m+\omega(t_n+t_f)\right]\\R_{mys}&=R_m\cos B_m\sin\left[\lambda_m+\omega(t_n+t_f)\right]\\R_{mzs}&=R_m\sin B_m\end{aligned}\right\} \tag{6-6}$$

式中：R_{mxs}、R_{mys}、R_{mzs} 是虚拟目标地心矢径在惯性大地直角坐标下的分量；B_m、λ_m 是虚拟目标的经、纬度；t_n 是当前时刻；t_f 是导弹从 P 飞行到 T 的时间。式(6－5)、式(6－6)中的 t_f、

β_n 由需要速度的迭代公式给出，给定倾角的需要速度的迭代计算公式如下：

$$\lambda_{PT,j}^{A} = \lambda_{OT} - \lambda_{OP,n}^{A} + (t_n + t_{f,j})\omega$$

$$\beta_j = \arccos(\sin\varphi_P \sin\varphi_T + \cos\varphi_P \cos\varphi_T \cos\lambda_{PT,j}^{A})$$

$$p_j = \frac{r_T(1-\cos\beta_j)}{1 - \dfrac{r_T}{r_P}(\cos\beta_j - \sin\beta_j \tan\Theta_{A,n})}$$

$$\xi_{P,j} = \arctan\left(\frac{\tan\Theta_{A,i}}{1 - r_P/p_j}\right)$$

$$\xi_{T,j} = \beta_j + \xi_{P,j}$$

$$e_j = \left(1 - \frac{p_j}{r_P}\right)/\cos\xi_{P,j}$$

$$\gamma_{T,j} = 2\arctan\left(\sqrt{\frac{1+e_j}{1-e_j}}\tan\frac{\xi_{T,j}}{2}\right)$$

$$\gamma_{P,j} = 2\arctan\left(\sqrt{\frac{1+e_j}{1-e_j}}\tan\frac{\xi_{P,j}}{2}\right)$$

$$t_{f,j+1} = \frac{1}{\sqrt{fM}}\left(\frac{p_j}{1-e_j^2}\right)^{3/2}[\gamma_{T,j} - \gamma_{P,j} + e_j(\sin\gamma_{T,j} - \sin\gamma_{P,j})]$$

当 $|p_{j+1} - p_j| < \varepsilon = 1.0$ 时，结束迭代，取

$$\beta_n = \beta_{j+1}$$

$$p_n = p_{j+1}$$

$$t_f = t_{f,j+1}$$

从而求出 t_f、β_n，接着把 R_{mxs}、R_{mys}、R_{mzs} 转化到发射惯性坐标系，有

$$\begin{bmatrix} R_{mx} \\ R_{my} \\ R_{mz} \end{bmatrix} = \boldsymbol{D}^{\mathrm{T}} \begin{bmatrix} R_{mxs} \\ R_{mys} \\ R_{mzs} \end{bmatrix}$$

式中

$$\boldsymbol{D} = \begin{bmatrix} d_{11} & d_{12} & d_{13} \\ d_{21} & d_{22} & d_{23} \\ d_{31} & d_{32} & d_{33} \end{bmatrix}$$

$$d_{11} = -\sin\lambda_T \sin A_T - \sin B_T \cos\lambda_T \cos A_T$$

$$d_{12} = \cos B_T \cos\lambda_T$$

$$d_{13} = -\sin\lambda_T \cos A_T + \sin B_T \cos\lambda_T \sin A_T$$

$$d_{21} = \cos\lambda_T \sin A_T - \sin B_T \sin\lambda_T \cos A_T$$

$$d_{22} = \cos B_T \sin A_T$$

$$d_{23} = \cos\lambda_T \cos A_T + \sin B_T \sin\lambda_T \sin A_T$$

$$d_{31} = \cos B_T \cos A_T$$

$$d_{32} = \sin B_T$$

$$d_{33} = -\cos B_T \sin A_T$$

R_{mx}、R_{my}、R_{mz} 是虚拟目标地心矢径在发射惯性坐标系的分量；A_T、B_T、λ_T 分别为导弹在发射点的天文方位角、天文纬度和经度。

令

$$k=(\boldsymbol{R}_m\times\boldsymbol{r})\cdot\boldsymbol{v}=(R_{my}r_z-R_{mz}r_y)v_x-(R_{mx}r_z-R_{mz}r_x)v_y+(R_{mx}r_y-R_{my}r_x)v_z$$

从而有

$$\sigma=\arcsin\left(\frac{k}{R_m r v\sin\beta_n\cos\Theta_A}\right)$$

将导引信号 σ 加入导弹控制方程中就可以进行导引控制。

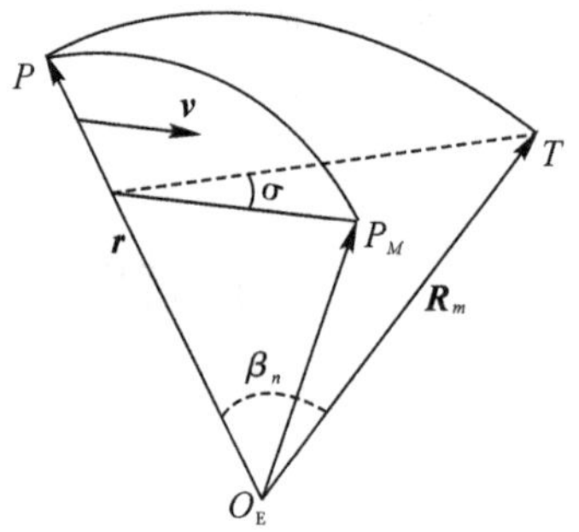

图 6-4 新型导引方法简图

6.1.2.4 闭路制导关机控制

按照需要速度的定义，关机条件应为

$$v_{ga}=0 \tag{6-7}$$

一个矢量等于零，显然各个分量同时为零，即

$$v_{gax}=v_{gay}=v_{gaz}=0$$

因此，可以取“各分量中变化率较大的一个等于零”作为关机条件。对于远程导弹，通常 $\dot{v}_{gax}>\dot{v}_{gay}>\dot{v}_{gaz}$，因此取

$$v_{gax}=0 \tag{6-8}$$

作为关机条件；而母舱分导时，可能出现 $\dot{v}_{gaz}>\dot{v}_{gax}$ 或 $\dot{v}_{gay}>\dot{v}_{gax}$ 的情况，此时可通过弹上计算进行判断，取其中的一个分量等于零作为关机条件。下面仅讨论以式(6-8)为关机条件的情况。

由弹上计算机实时解算，当满足方程式(6-8)时关机。但因计算机有计算时延，当计算步长为 τ 时，$t_i(=i\tau)$ 时刻的测量数据采样在 $t_{i+1}[=(i+1)\tau]$ 时刻才能给出结果，即在 t_{i+1} 时刻给出 $v_{gax}(t_i)$ 的值，计算时延为 τ。另外，关机时间不一定恰好是 τ 的整数倍，只能判断当第一次出现 $v_{gax}(t_i)<0$ 时关机。因此，关机时间的最大误差将在 $\tau\sim 2\tau$ 之间。为了减少关机误差，可在 v_{gax} 中预先扣除一个步长 τ 对应的 v_{gax} 的增量，使关机的时间误差降为 τ。然而对固体导弹来说，τ 造成的落点偏差仍然很可观。例如，射程为 6 000 km 的导弹，当取 $\tau=1/8$ s 时，一个 τ 的关机时间误差造成的射程偏差可达 25 km。为降低此项误差可采取以下两项措施：

(1)合理简化关机点附近的计算公式，从而缩小计算步长；

(2)对关机时间作线性预报，提前预报出关机时间，具体实施参见文献[169]。

6.1.2.5　仿真计算

选择一条射程为 7 300 km 左右的导弹进行仿真计算，其导弹射击条件同 2.2.1 节，落点经、纬度为：经度 1.197 392 5 rad，纬度－0.295 873 9 rad。扰动引力采用 GEM94 球谐函数模型计算，被动段扰动引力引起的导弹落点偏差为：纵向 258.9 m，横向－68 m。

若导弹主动段采用闭路制导，则标准弹道对应的虚拟目标点为：经度 1.196 640 4 rad，纬度－0.296 304 5 rad。考虑扰动引力的影响，落点为：经度 1.197 375 5 rad，纬度－0.295 912 8 rad。对虚拟目标点进行扰动引力修正，修正后的虚拟目标点为

经度：1.196 640 4－(1.197 375 5－1.197 392 5)＝1.196 657 4(rad)

纬度：－0.296 304 5－(0.295 912 8＋0.295 873 9)＝－0.296 265 6(rad)

按闭路制导进行仿真计算，可得仿真结果如图 6－5 和图 6－6 所示。由图 6－5 中可以看出，以目标瞬时方位角为基准的新型导引方法的导引信号在关机点稳定。图 6－6 给出了进行扰动引力修正后，导弹当前速度与需要速度随时间的变化。其中：x 轴和 y 轴速度与需要速度随时间的变化与标准弹道情况下相差不大，两者在图中曲线重合；z 轴速度与需要速度随时间的变化与标准弹道情况下相差较大。经计算，在闭路制导的虚拟目标中补偿被动段扰动引力产生的误差为：纵向 11.62 m，横向 12.10 m。

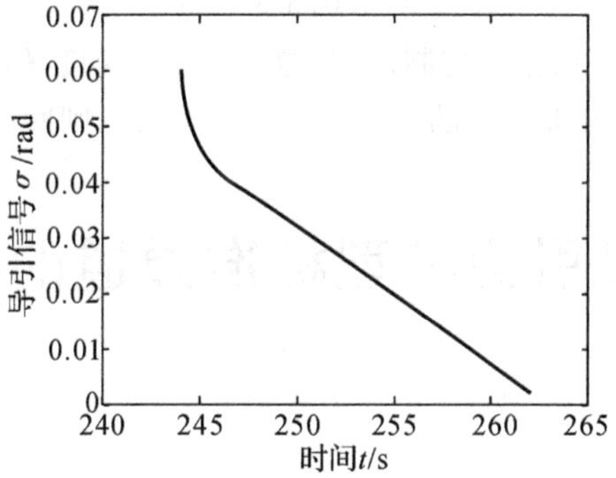

图 6－5　导引信号随时间的变化

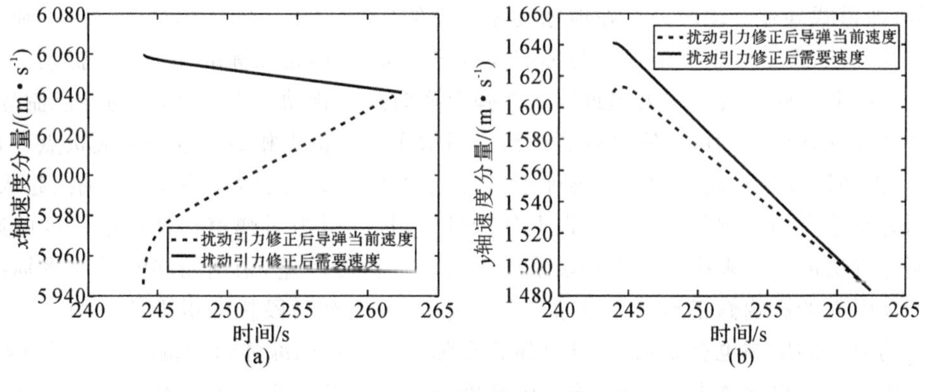

图 6－6　导弹速度随时间的变化

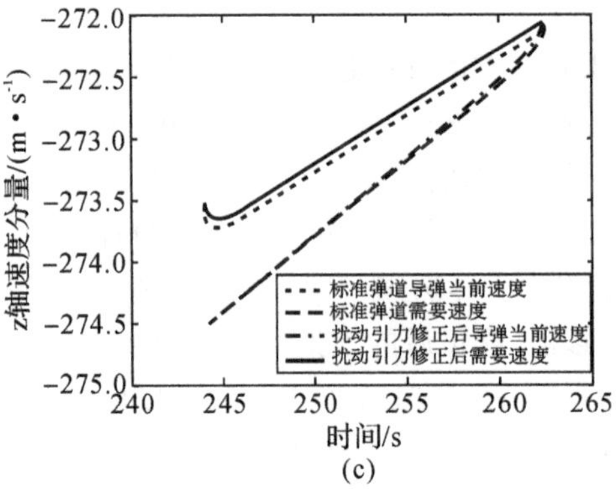

(c)

续图 6-6　导弹速度随时间的变化

若导弹主动段采用摄动制导，则对虚拟目标点进行扰动引力修正后，可求得关机点处的待增速度为

$$\begin{cases} v_{gax} = -0.0614\ \text{m/s} \\ v_{gay} = -0.0149\ \text{m/s} \\ v_{gaz} = 0.0733\ \text{m/s} \end{cases}$$

待增速度并不大，若加一小段推力控制，固然能达到需要速度，但增加了复杂性。实际上在关机点加一冲量来实现待增速度也是可行的。若弹头重 3 000 kg，则冲量的大小为 290.4 N·s。

6.2　基于精确引力模型标准弹道的扰动引力补偿

6.2.1　补偿思想

由于标准弹道是基于精确引力模型的，所以只要实际弹道的关机点状态参数与标准弹道完全相等，弹道式导弹被动段完全在地球实际引力的作用下飞行，将精确命中目标，则扰动引力是完全补偿的，但实际上弹道往往与标准弹道并不重合，而是在标准弹道附近摄动。导弹在主动段按照前面的弹上扰动引力逼近算法在弹上实时进行扰动引力计算，参与导航制导，扰动引力对主动段的弹道影响可以完全得到补偿。但由于其关机点相对标准弹道关机点存在状态偏差，使得被动段弹道偏离被动段标准弹道，且被动段弹道只受引力作用，所以偏离越大，被动段扰动引力对落点的影响就越大。由以上分析可知，扰动引力对弹道导弹命中精度的影响由主动段制导方法的精度来决定。主动段采用摄动制导精度较差，采用闭路制导要将标准弹道被动段扰动引力的影响修正到虚拟目标点中，而标准弹道被动段扰动引力的影响与实际弹道被动段扰动引力的影响也有差别，并且也随着实际弹道相对标准弹道的偏离增大而增大，虚拟目标点的确定误差也就越大，从而影响命中精度。为此本节提出一种高精度的显式制导方法来使扰动引力的影响减到最小，从而提高命中精度。

6.2.2　基于标准弹道点制导的扰动引力补偿

为了克服虚拟目标点的修正误差，可选择标准弹道自由段上的一点进行制导，只要实际弹道经过该点达到该点的速度，而之后的被动段弹道没有受到任何干扰，导弹就会精确命中目标点。关键是如何制导让导弹经过该标准弹道点并达到该点的速度。下面提出一种基于需要椭圆的最优控制方法来实现该制导问题。

6.2.2.1　基于标准弹道点最优制导的制导思想

基于标准弹道点制导的思想是选择标准弹道自由段上的一点，以该点为目标点求取需要速度和需要位置进行制导。当该点离标准关机点不远时，导弹飞行时间很短，扁率的影响很小以致可以忽略，在此条件下，控制导弹达到需要速度和需要位置关机，关机后导弹自由飞行到标准弹道点，达到标准弹道点的速度。这样就不需要对再入段空气动力的影响进行修正，扁率的影响只是忽略了一小段，产生的方法误差很小。

要同时达到标准弹道点的位置和速度，条件是苛刻的。但是可以从这个角度去思考，标准弹道点的位置和速度是已知的，按照椭圆弹道的理论，它们可以确定一条椭圆弹道，看作是已知的轨道，称为需要椭圆轨道，只要控制导弹入轨就可以。因此可将该问题看成是自治系统可变终端，自由时间的最优控制问题，从而进行最优制导控制。

对于已知椭圆轨道的确定需要考虑这样一个问题：实际只能选择标准弹道点在发射坐标系下的坐标和速度作为椭圆轨道确定的依据。因为按照上面的制导方法，不可能严格地控制导弹的飞行时间在标准时刻到达标准弹道点，所以不能选择惯性坐标系下的位置和速度。随着导弹的飞行，可以确定当前时刻标准弹道点在发射惯性坐标系下的坐标和导弹在标准弹道点应达到的惯性坐标系下的速度，按惯性坐标系下的位置和速度可以确定导弹要进入的椭圆轨道。

6.2.2.2　基于标准弹道点制导涉及的坐标系及其转换关系

下面阐述制导方法时涉及三种坐标系：赤道惯性坐标系、发射惯性坐标系和发射坐标系。它们的转换关系如下。

1. 发射坐标系与发射惯性坐标系之间的位置和速度转换

$$\boldsymbol{r}_a=\boldsymbol{C}_g^a(t,\omega_x,\omega_y,\omega_z)\boldsymbol{r}\ ,\ \boldsymbol{v}_a=\boldsymbol{C}_g^a(t,\omega_x,\omega_y,\omega_z)\boldsymbol{v}+\dot{\boldsymbol{C}}_g^a(t,\omega_x,\omega_y,\omega_z)\boldsymbol{r} \tag{6-9}$$

$$\boldsymbol{x}_{r_a}=\boldsymbol{r}_a-\boldsymbol{R}_0,\boldsymbol{x}_r=\boldsymbol{r}-\boldsymbol{R}_0$$

$$\boldsymbol{C}_g^a(t,\omega_x,\omega_y,\omega_z)=\begin{bmatrix} a_{11} & a_{12} & a_{13} \\ a_{21} & a_{22} & a_{23} \\ a_{31} & a_{32} & a_{33} \end{bmatrix}$$

$$a_{11}=1-\frac{1}{2}(\omega^2-\omega_x^2)t^2,a_{12}=\frac{1}{2}\omega_x\omega_y t^2-\omega_z t,a_{13}=\frac{1}{2}\omega_x\omega_z t^2+\omega_y t$$

$$a_{21}=\frac{1}{2}\omega_x\omega_y t^2+\omega_z t,a_{22}=1-\frac{1}{2}(\omega^2-\omega_y{}^2)t^2,a_{23}=\frac{1}{2}\omega_y\omega_z t^2-\omega_x t$$

$$a_{31}=\frac{1}{2}\omega_x\omega_z t^2-\omega_y t,a_{32}=\frac{1}{2}\omega_z\omega_y t^2+\omega_x t,a_{33}=1-\frac{1}{2}(\omega^2-\omega_z^2)t^2$$

式中：ω_x、ω_y、ω_z 为地球自转角速度 ω_e 在发射坐标系三个轴上的分量；t 为导弹的飞行到当前位置的时间；$\boldsymbol{C}_g^a$ 为转换矩阵；$\boldsymbol{x}_r$、$\boldsymbol{x}_{r_a}$ 分别为导弹在发射坐标系和发射惯性坐标系中的位置矢量；$\boldsymbol{r}$、$\boldsymbol{r}_a$ 分别为导弹在发射坐标系和发射惯性坐标系中的地心矢径矢量；$\boldsymbol{R}_0$ 为导弹发射点在发射坐标系的地心矢径矢量；$\boldsymbol{v}$、$\boldsymbol{v}_a$ 分别为导弹在发射坐标系和发射惯性坐标系中的速度矢量。

2. 发射惯性坐标系与赤道惯性坐标系之间的位置和速度转换

设导弹发射时刻起始天文子午面与 $O_e x_e$ 的夹角为 $\Delta\lambda$，则有

$$\boldsymbol{x}_{re}=\boldsymbol{C}_a^e(A_T,B_T,\lambda_T+\Delta\lambda)\boldsymbol{r}_a,\boldsymbol{v}_e=\boldsymbol{C}_a^e(A_T,B_T,\lambda_T+\Delta\lambda)\boldsymbol{v}_a \tag{6-10}$$

$$\boldsymbol{C}_a^e(A_T,B_T,\lambda_T+\Delta\lambda)=\begin{bmatrix} d_{11} & d_{12} & d_{13} \\ d_{21} & d_{22} & d_{23} \\ d_{31} & d_{32} & d_{33} \end{bmatrix}$$

$\boldsymbol{C}_a^e$ 中各元素为

$$d_{11}=-\sin(\lambda_T+\Delta\lambda)\sin A_T-\sin B_T\cos(\lambda_T+\Delta\lambda)\cos A_T$$
$$d_{12}=\cos B_T\cos(\lambda_T+\Delta\lambda)$$
$$d_{13}=-\sin(\lambda_T+\Delta\lambda)\cos A_T+\sin B_T\cos(\lambda_T+\Delta\lambda)\sin A_T$$
$$d_{21}=\cos(\lambda_T+\Delta\lambda)\sin A_T-\sin B_T\sin(\lambda_T+\Delta\lambda)\cos A_T$$
$$d_{22}=\cos B_T\sin A_T$$
$$d_{23}=\cos(\lambda_T+\Delta\lambda)\cos A_T+\sin B_T\sin(\lambda_T+\Delta\lambda)\sin A_T$$
$$d_{31}=\cos B_T\cos A_T$$
$$d_{32}=\sin B_T$$
$$d_{33}=-\cos B_T\sin A_T$$

式中：A_T、λ_T、B_T 分别为天文方位角、天文经度、天文纬度；$\boldsymbol{C}_a^e$ 为转换矩阵；$\boldsymbol{x}_{re}$、$\boldsymbol{v}_e$ 分别为导弹在赤道惯性坐标系的位置与速度矢量。

6.2.2.3 基于标准弹道点的最优制导方法

选择导弹标准弹道自由段上离标准关机点不远的一点 h，该点在发射坐标系下的位置和速度为 x_h、y_h、z_h、v_{xh}、v_{yh}、v_{zh}。制导控制的目的是让导弹经过该点 h 并达到该点的速度。设导弹飞行到当前的时刻为 t，导弹当前在发射惯性坐标系下的位置和速度为 x_a、y_a、z_a、v_{xa}、v_{ya}、v_{za}。按制导思想先确定导弹要入轨的粗圆轨道。

1. 需要椭圆轨道的确定

椭圆轨道元素有 6 个：a、e、i、Ω、ω、t_p。a 为长半轴，e 为偏心率，i 为轨道倾角，Ω 为升交点赤经，ω 为近地点幅角，t_p 为经过近地点的时间。a、e 决定了粗圆轨道的大小和形状，a 是导弹能量的表征量，并且和卫星轨道运行周期一一对应，控制了 a 就控制了轨道周期 T，轨道倾角 i 和升交点赤经 Ω 决定了轨道平面的位置，ω 决定了椭圆轨道的粗圆长轴在轨道平面上的方向，t_p 取决于发射时间。

由上面的分析可知，需要粗圆轨道主要是确定五个轨道元素：a、e、i、Ω、ω，由这五个元素约束导弹入轨。

根据式(6-9)将导弹标准弹道点 h 的位置和速度转换到发射惯性坐标系得到 x_{ah}、y_{ah}、z_{ah}、v_{xah}，v_{yah}、v_{zah}，再由式(6-10)转换到赤道惯性坐标系得到 x_{eh}、y_{eh}、z_{eh}、v_{xeh}、v_{yeh}、v_{zeh}。根据 Kepler 椭圆轨道的性质知道，它的动量矩矢量 $\boldsymbol{H}$、能量 E 都守恒。在赤道惯性坐标系有

$$\boldsymbol{H}=\boldsymbol{r}_e\times\boldsymbol{v}_e \tag{6-11}$$

$$E=\frac{1}{2}v_e^2-\frac{\mu}{r_e} \tag{6-12}$$

式中：μ 为地球引力常数；$\boldsymbol{r}_e$ 为导弹的地心矢径；$\boldsymbol{v}_e$ 为导弹在赤道惯性坐标系内的速度。同时又已知导弹的能量和轨道长半轴之间有如下关系：

$$E=-\frac{1}{2}\frac{\mu}{a} \tag{6-13}$$

根据标准弹道点 h 的位置和速度以及式(6-11)～式(6-13)可以确定需要椭圆的长半轴和动量矩分量为

$$a_h=\frac{\mu r_{eh}}{2\mu-v_{eh}^2 r_{eh}} \tag{6-14}$$

$$\begin{cases}H_{xeh}=y_{eh}v_{zeh}-z_{eh}v_{yeh}\\H_{yeh}=z_{eh}v_{zeh}-x_{eh}v_{zeh}\\H_{zeh}=x_{eh}v_{yeh}-y_{eh}v_{xeh}\end{cases}$$

从而可确定偏心率、轨道倾角、升交点赤经：

$$p_h=\frac{H_h^2}{\mu}$$

$$e_h=\sqrt{1-\frac{p_h}{a_h}} \tag{6-15}$$

$$\cos i_h=\frac{H_{zeh}}{H_h} \tag{6-16}$$

$$\Omega_h=\arctan\left(-\frac{H_{xeh}}{H_{yeh}}\right) \tag{6-17}$$

$$\cos\Omega_h=-\frac{H_{yeh}}{\sqrt{H_{xeh}^2+H_{yeh}^2}}$$

$$\Theta_h=\arcsin\left(\frac{r_{xah}v_{xah}+r_{yah}v_{yah}+r_{zah}v_{zah}}{r_{ah}v_{ah}}\right)$$

$$\left.\begin{array}{c}f_h=\arccos\left[(p_h-r_{eh})/(e_h r_e)\right],0<f_h<\pi,\Theta_h\geqslant 0;0>f_h>-\pi,\Theta_h<0\\\theta_h=\arccos\left[(x_{eh}\cos\Omega_h+y_{eh}\sin\Omega_h)/r_{eh}\right]\\\omega_h=\theta_h-f_h\end{array}\right\} \tag{6-18}$$

以上的需要圆轨道元素是随着导弹的飞行时间变化的，导弹入轨时关机。

2. 导弹入轨的最优制导问题

由于在大气层之外采用该制导方法，所以导弹所受气动力可以忽略。假设控制是连续的，因此发动机的摆角不会很大，可近似认为推力总是沿着导弹的纵轴方向，此外，导弹在飞行中，

滚动角被控制得很小,可以予以忽略。因此,在发射惯性坐标系建立导弹的运动方程为

$$\left.\begin{aligned}\dot{\boldsymbol{v}}_a &= \dot{w}_a\boldsymbol{u} + \boldsymbol{g}_a \\ \dot{\boldsymbol{x}}_{ra} &= \boldsymbol{v}_a\end{aligned}\right\} \tag{6-19}$$

式中: $\dot{w}_a$ 为视加速度; $\boldsymbol{g}_a$ 为地球引力矢量; $\boldsymbol{v}_a$ 为速度矢量; $\boldsymbol{x}_{ra}$ 为位置矢量;$\boldsymbol{u}$ 为推力方向矢量,表示成姿态的函数为

$$\boldsymbol{u} = \begin{bmatrix}\cos\varphi\cos\psi \\ \sin\varphi\cos\psi \\ -\sin\psi\end{bmatrix} \tag{6-20}$$

由于发动机不能多次启动,欲使燃料消耗最少,即入轨质量 $m(t_k)$ 最大,则可取性能指标为

$$J = t_k = \int_{t_0}^{t_k} \mathrm{d}t \tag{6-21}$$

起始条件为

$$\boldsymbol{v}_a(t_0) = \boldsymbol{v}_{a0},\ \boldsymbol{x}_{ra}(t_0) = \boldsymbol{x}_{ra0} \tag{6-22}$$

制导的任务就是控制 $\boldsymbol{u}$ 使导弹在 k 点入轨关机,且在 k 点满足下列终端条件:

$$\left.\begin{aligned}\boldsymbol{v}_a(t_k) &= \boldsymbol{v}_{ak} \\ \boldsymbol{x}_{ra}(t_k) &= \boldsymbol{x}_{rak}\end{aligned}\right\} \tag{6-23}$$

式中: k 点的速度和位置 $\boldsymbol{v}_{ak}$、$\boldsymbol{r}_{ak}$ 满足需要粗圆轨道五个轨道元素的约束:

$$\left.\begin{aligned}G_1(\boldsymbol{v}_{ak},\boldsymbol{x}_{rak}) &= a_k(\boldsymbol{v}_{ak},\boldsymbol{x}_{rak}) - a_h(t) = 0 \\ G_2(\boldsymbol{v}_{ak},\boldsymbol{x}_{rak}) &= e_k(\boldsymbol{v}_{ak},\boldsymbol{x}_{rak}) - e_h(t) = 0 \\ G_3(\boldsymbol{v}_{ak},\boldsymbol{x}_{rak}) &= \cos i_k(\boldsymbol{v}_{ak},\boldsymbol{x}_{rak}) - \cos i_h(t) = 0 \\ G_4(\boldsymbol{v}_{ak},\boldsymbol{x}_{rak}) &= \Omega_k(\boldsymbol{v}_{ak},\boldsymbol{x}_{rak}) - \Omega_h(t) = 0 \\ G_5(\boldsymbol{v}_{ak},\boldsymbol{x}_{rak}) &= \omega_k(\boldsymbol{v}_{ak},\boldsymbol{x}_{rak}) - \omega_h(t) = 0\end{aligned}\right\} \tag{6-24}$$

式中: a_k、e_k、$\cos i_k$、Ω_k、ω_k 可由 k 点的位置和速度求出,与 h 点的求法一样。可知 Hmilton 函数为

$$f_{\mathrm{H}} = 1 + \boldsymbol{\lambda}_v(\dot{w}_a\boldsymbol{u} + \boldsymbol{g}_a) + \boldsymbol{\lambda}_r\boldsymbol{v}_a \tag{6-25}$$

式中: $\boldsymbol{\lambda}_v$、$\boldsymbol{\lambda}_r$ 为共轨状态矢量。其共轭方程为

$$\left.\begin{aligned}\dot{\boldsymbol{\lambda}}_v &= -\frac{\partial f_{\mathrm{H}}}{\partial \boldsymbol{v}_a} \\ \dot{\boldsymbol{\lambda}}_r &= -\frac{\partial f_{\mathrm{H}}}{\partial \boldsymbol{x}_{ra}}\end{aligned}\right\} \tag{6-26}$$

横截条件为

$$\left.\begin{aligned}\boldsymbol{\lambda}_{vk} &= \sum_{j=1}^{5} v_j \left.\frac{\partial G_j}{\boldsymbol{v}_a}\right|_{t_k} \\ \boldsymbol{\lambda}_{rk} &= \sum_{j=1}^{5} v_j \left.\frac{\partial G_j}{\boldsymbol{x}_{ra}}\right|_{t_k}\end{aligned}\right\} \tag{6-27}$$

式中: $v_j(j=1,2,3,4,5)$ 是常数,由 $G_j(\boldsymbol{v}_{ak},\boldsymbol{x}_{rak})=0(j=1,2,3,4,5)$ 确定。推力方向矢量 $\boldsymbol{u}$ 应使 $\boldsymbol{H}$ 最小,则有

$$\boldsymbol{u}=-\frac{\boldsymbol{\lambda}_v}{\lambda_v} \tag{6-28}$$

3. 导弹入轨的弹上迭代制导

采用文献[175]中的迭代制导方法可以很好地实现导弹入轨的最优制导问题，只是要把制导方程建立在发射惯性坐标下，并且终端约束不一样，下面提出一种进行轨道五元素约束的方法，即预测关机参数的终端约束校正方法。

(1)预测关机参数的终端约束校正方法。设关机点弹道参数的预测值为 $\boldsymbol{v}_{ap}$、$\boldsymbol{r}_{ap}$。入轨点在需要轨道上，表征入轨点用以下元素：入轨点速度大小 v_{ak}、入轨点当地速度倾角 Θ_k、入轨点地心距 r_k、轨道倾角 i_h、轨道升交点赤经 Ω_h。其中的关键是确定入轨点地心距 r_k，沿以 $\boldsymbol{H}_h$ 与 $\boldsymbol{r}_{ap}$ 所在的平面与需要椭圆轨道面的交线与 $\boldsymbol{r}_{ap}$ 交角较小的矢量方向确定 $\boldsymbol{r}_k$，这样确定的 $\boldsymbol{r}_k$ 显然当导弹入轨时 $\boldsymbol{r}_{ap}$ 与 $\boldsymbol{r}_k$ 相等。矢量 $\boldsymbol{r}_{ap}\times\boldsymbol{H}_h$ 在需要椭圆轨道面内，可以求得 $\boldsymbol{r}_{ap}\times\boldsymbol{H}_h$ 与标准弹道点 h 的矢径 $\boldsymbol{r}_h$ 的夹角为

$$\Delta f=\arccos\left[\frac{(\boldsymbol{r}_{ap}\times\boldsymbol{H}_h)\cdot\boldsymbol{r}_h}{|\boldsymbol{r}_{ap}\times\boldsymbol{H}_h|\cdot|\boldsymbol{r}_h|}\right]$$

式(6-18)中已经求出标准弹道点 h 的真近点角 f_h，当 $0<f_h<\pi$ 时，$\boldsymbol{r}_k$ 的真近点角为

$$f_k=f_h-(\Delta f-\pi/2)$$

当 $0>f_h>-\pi$ 时，$\boldsymbol{r}_k$ 的真近点角为

$$f_k=f_h+(\Delta f+\pi/2)$$

从而可以确定 $\boldsymbol{r}_k$ 的大小为

$$r_k=\frac{p_h}{1+e_h\cos f_k} \tag{6-29}$$

$$v_{ak}=\sqrt{\frac{2\mu}{r_k}-\frac{\mu}{a_h}} \tag{6-30}$$

$$\Theta_k=\arccos\frac{H_h}{r_k v_{ak}},0<f_k<\pi,\Theta_k\geqslant 0;0>f_k>-\pi,\Theta_k<0 \tag{6-31}$$

由上述求解可以看出：r_k 由真近点角约束，也就受近地点幅角约束；v_{ak} 由长半轴 a 约束；Θ_k 实际上受椭圆扁率的约束。不改变原来的五元素约束条件。

利用预测的弹道参数在入轨点建立轨道坐标系 $UX_pY_pZ_p$，同时建立满足终端条件的轨道坐标系 $UX_kY_kZ_k$（见附录 A）。i_p、ω_p 与 Ω_p 可按与标准弹道点 h 同样的求法求出。设 u 为从轨道升交点的方向到 UX 轴指向之间的夹角，称为纬度幅角，则有

$$u=f-\omega$$

从而求出 u_p。

轨道坐标系 $UX_pY_pZ_p$ 与赤道惯性坐标系的转换关系为

$$\begin{bmatrix}x_e\\y_e\\z_e\end{bmatrix}=\boldsymbol{R}_3(-\Omega_p)\boldsymbol{R}_1(-i_p)\boldsymbol{R}_3(-u_p)\begin{bmatrix}U_{xp}\\U_{yp}\\U_{zp}\end{bmatrix}$$

式中：$\boldsymbol{R}_1$、$\boldsymbol{R}_3$ 为初等方向变换矩阵。令 $\boldsymbol{R}_p=\boldsymbol{R}_3(-\Omega_p)\boldsymbol{R}_1(-i_p)\boldsymbol{R}_3(-u_p)$，则有

$\boldsymbol{R}_p=$

$$\begin{bmatrix}\cos\Omega_p\cos u_p-\sin\Omega_p\sin u_p\cos i_p & -\cos\Omega_p\sin u_p-\sin\Omega_p\cos i_p\cos u_p & \sin\Omega_p\sin i_p\\ \sin\Omega_p\cos u_p+\cos\Omega_p\sin u_p\cos i_p & -\sin\Omega_p\sin u_p+\cos\Omega_p\cos i_p\cos u_p & -\cos\Omega_p\sin i_p\\ \sin i_p\sin u_p & \sin i_p\cos u_p & \cos i_p\end{bmatrix}$$

同理,轨道坐标系 $UX_kY_kZ_k$ 与赤道惯性坐标系的转换关系为

$$\begin{bmatrix}x_e\\ y_e\\ z_e\end{bmatrix}=\boldsymbol{R}_k\begin{bmatrix}U_{xk}\\ U_{yk}\\ U_{zk}\end{bmatrix}$$

式中

$$\boldsymbol{R}_k=\boldsymbol{R}_3(-\Omega_k)\boldsymbol{R}_1(-i_k)\boldsymbol{R}_3(-u_k)$$

从而得两轨道坐标系之间的转换关系为

$$\begin{bmatrix}U_{xk}\\ U_{yk}\\ U_{zk}\end{bmatrix}=\boldsymbol{R}_k^{\mathrm{T}}\boldsymbol{R}_p\begin{bmatrix}U_{xp}\\ U_{yp}\\ U_{zp}\end{bmatrix}$$

那么,可求得终端值为

$$\boldsymbol{v}_{ak}=v_{ak}(\boldsymbol{U}_{xk}\sin\Theta_k-\boldsymbol{U}_{yk}\cos\Theta_k)$$

$$\boldsymbol{r}_k=r_k\boldsymbol{U}_{xk}$$

采用线性校正,则有

$$\left.\begin{aligned}\boldsymbol{v}_{thi}&=\boldsymbol{v}_{thi}+(\boldsymbol{v}_{ak}-\boldsymbol{v}_{ap})\\ \boldsymbol{x}_{rthi}&=\boldsymbol{x}_{rthi}+(\boldsymbol{r}_k-\boldsymbol{r}_{ap})\end{aligned}\right\}\tag{6-32}$$

式中:$\boldsymbol{v}_{thi}$、$\boldsymbol{x}_{rthi}$ 为推力积分项。

(2)弹上迭代制导方法 。文献[175]中的迭代制导方法建立在发射惯性坐标系下,其制导方程如下(忽略了 3 阶以上的高阶项):

$$\boldsymbol{u}=\boldsymbol{\lambda}_{vm}\left(1-T'x-\frac{1}{2}\lambda_{rm}^2x^2\right)+\boldsymbol{\lambda}_{rm}\left(x-T_mx^2-\frac{1}{6}\omega_2^2x^3\right)\tag{6-33}$$

式中:$x=t-t_m$,$t_m=\dfrac{t_0+t_k}{2}$;t_m 时刻的共轭矢量为 $\boldsymbol{\lambda}_{vm}$、$\boldsymbol{\lambda}_{rm}$;$T_m=\boldsymbol{\lambda}_{vm}\cdot\boldsymbol{\lambda}_{rm}$;$T'=T_m(1-7/6\omega^2x^2)$;$\omega_2^2=3\lambda_{rm}^2-2\omega_1^2$,$\omega_1^2=\dfrac{fM}{\boldsymbol{r}_c^3}$;$\boldsymbol{r}_c=\dfrac{(\boldsymbol{x}_{ra0}+\boldsymbol{R}_0)+(\boldsymbol{x}_{rak}+\boldsymbol{R}_0)}{2}$,$\boldsymbol{R}_0$ 为发射点地心矢径。

推力积分项为

$$\begin{cases}\boldsymbol{v}_{th}=L_T\boldsymbol{\lambda}_{vm}+J_T\boldsymbol{\lambda}_{rm}\\ \boldsymbol{r}_{th}=S_T\boldsymbol{\lambda}_{vm}+Q_T\boldsymbol{\lambda}_{rm}\end{cases}$$

推力积分项是 $\boldsymbol{\lambda}_{vm}$、$\boldsymbol{\lambda}_{rm}$ 的线性函数,而对火箭起控制作用的是推力,将引力积分项当作一个速度、矢径修正项,可得

$$\left.\begin{aligned}\boldsymbol{v}_{th}&=\boldsymbol{v}_{ak}-\boldsymbol{v}_{a0}-\boldsymbol{v}_{grav}\\ \boldsymbol{x}_{rth}&=\boldsymbol{x}_{rak}-\boldsymbol{x}_{ra0}-\boldsymbol{v}_{a0}(t_k-t_0)-\boldsymbol{r}_{grav}\end{aligned}\right\}\tag{6-34}$$

式中

$$\begin{cases} \boldsymbol{v}_{grav} = -\omega^2 (t_k - t_0) \left\{ \dfrac{1}{2} [(\boldsymbol{x}_{ra0} + \boldsymbol{R}_0) + (\boldsymbol{x}_{rak} + \boldsymbol{R}_0)] - \dfrac{1}{12} (\boldsymbol{v}_{ak} - \boldsymbol{v}_{a0}) (t_k - t_0) \right\} \\ \boldsymbol{r}_{grav} = -\omega^2 (t_k - t_0)^2 \left\{ \dfrac{1}{20} [7 (\boldsymbol{x}_{ra0} + \boldsymbol{R}_0) + 3 (\boldsymbol{x}_{rak} + \boldsymbol{R}_0)] - \dfrac{1}{30} (2\boldsymbol{v}_{ak} - 3\boldsymbol{v}_{a0}) (t_k - t_0) \right\} \end{cases}$$

从而可求得

$$\left.\begin{aligned} \boldsymbol{\lambda}_{vm} &= \frac{Q_T \boldsymbol{v}_{th} - J_T \boldsymbol{x}_{rth}}{Q_T L_T - J_T S_T} \\ \boldsymbol{\lambda}_{rm} &= \frac{L_T \boldsymbol{x}_{rth} - S_T \boldsymbol{v}_{th}}{Q_T L_T - J_T S_T} \end{aligned}\right\} \tag{6-35}$$

式中

$$\begin{cases} L_T = J_0 - T_m J'_1 - 1/2 \lambda_{rm}^2 J_2 \\ S_T = Q_0 - T_m Q'_1 - 1/2 \lambda_{rm}^2 Q_2 \\ J_T = J_1 - T_m J_2 - 1/6 \omega_2^2 J_3 \\ Q_T = Q_1 - T_m Q_2 - 1/6 \omega_2^2 Q_3 \end{cases} \qquad \begin{cases} J'_1 = J_1 - 7/6 \omega_1^2 J_3 \\ Q'_1 = Q_1 - 7/6 \omega_1^2 Q_3 \end{cases}$$

$$\begin{cases} J_0 = \displaystyle\int_{t_0}^{t_k} \dot{w}_a \mathrm{d}t \\ Q_0 = \displaystyle\int_{t_0}^{t_k} \left(\int_{t_0}^{t} \dot{w}_a \mathrm{d}t \right) \mathrm{d}t \\ J_i = \displaystyle\int_{t_0}^{t_k} \dot{w}_a (t - t_m)^i \mathrm{d}t \,(i = 1, 2, 3) \\ Q_i = \displaystyle\int_{t_0}^{t_k} \left[\int_{t_0}^{t} \dot{w}_a (t - t_m)^i \mathrm{d}t \right] \mathrm{d}t \,(i = 1, 2, 3) \end{cases}$$

关机时间的预测如下：

$$J_0 = |\boldsymbol{v}_{GO}| = |\boldsymbol{v}_{th} - J_T \boldsymbol{\lambda}_{rm} + (J_0 - L_T) \boldsymbol{\lambda}_{vm}| \tag{6-36}$$

式中：$\boldsymbol{v}_{GO}$ 为沿 $\boldsymbol{\lambda}_{vm}$ 飞行的视速度增量。

关机点弹道参数的预测值为

$$\left.\begin{aligned} \boldsymbol{v}_{ap} &= L_T \boldsymbol{\lambda}_{vm} + J_T \boldsymbol{\lambda}_{rm} + \boldsymbol{v}_{a0} + \boldsymbol{v}_{grav} \\ \boldsymbol{x}_{rap} &= S_T \boldsymbol{\lambda}_{vm} + Q_T \boldsymbol{\lambda}_{rm} + \boldsymbol{x}_{ra0} + \boldsymbol{v}_{a0} (t_k - t_0) + \boldsymbol{r}_{grav} \\ \boldsymbol{r}_{ap} &= \boldsymbol{x}_{rap} + \boldsymbol{R}_0 \end{aligned}\right\} \tag{6-37}$$

一个制导周期迭代制导计算流程如下：

1)初始化：取初值 $\boldsymbol{v}_{ap}$ 、$\boldsymbol{x}_{rap}$、$\boldsymbol{v}_{th}$、$\boldsymbol{x}_{rth}$、$\boldsymbol{\lambda}_{rm}$、$\boldsymbol{\lambda}_{vm}$、$L_T$、$J_T$、$S_T$、$Q_T$；

2)校正：按式(6－32)和式(6－34)计算 $\boldsymbol{v}_{ak}$、$\boldsymbol{r}_k$、$\boldsymbol{v}_{th}$、$\boldsymbol{x}_{rth}$；

3)关机时间：按式(6－36)计算 $\boldsymbol{v}_{GO}$、t_k、t_m；

4)共轭矢量：按式(6－35)计算 $\boldsymbol{\lambda}_{rm}$、$\boldsymbol{\lambda}_{vm}$；

5)预测：按式(6－37)计算 $\boldsymbol{v}_{ap}$ 、$\boldsymbol{r}_{ap}$ ；

6)判断：如果 $|\boldsymbol{v}_{ap} - \boldsymbol{v}_{ak}| > \varepsilon_v$ 或者 $|\boldsymbol{r}_{ap} - \boldsymbol{r}_k| > \varepsilon_r$，转步骤(2)；

7)输出：$\boldsymbol{\lambda}_{rm}$、$\boldsymbol{\lambda}_{vm}$、$t_k$，由式(6－20)和式(6－33)计算 φ、ψ 。

在以后的制导周期中都可直接利用前一制导周期的计算结果，作为该周期迭代计算的初值。进入下一个制导周期有

$$\begin{cases} \boldsymbol{v}_{thi} = \boldsymbol{v}_{thi-1} - \Delta \boldsymbol{w}_{ai} \\ \boldsymbol{x}_{rthi} = \boldsymbol{x}_{rthi-1} - (\boldsymbol{w}_{ai} + 0.5\Delta \boldsymbol{w}_{ai} T) T \end{cases}$$

式中：$\boldsymbol{w}_{ai}$、$\Delta \boldsymbol{w}_{ai}$ 分别为第 i 个制导周期的视速度和视速度增量；T 为制导周期。

由于模型简化、随机干扰以及计算机误差等带来的影响，在接近关机点时，可用于修正误差的时间太少，会出现计算发散的现象，所以当 $(t_k - t_0) \leqslant \Delta t$ 时，停止制导计算，保持 φ、ψ 为常值，控制 $(t_k - t_0)$ 后关机。

6.2.2.4 仿真算例

选择射程约为 7 300 km 的一种导弹的标准弹道，按照基于标准弹道点的最优制导方法进行弹道解算，求取方法误差，评估命中精度。首先给定仿真条件如下。

1. 仿真条件

该导弹的射击条件同 2.2.1 节，给定标准关机后 3 s 的弹道点作为标准弹道点，其发射坐标系下的位置和速度分量如下：x：739 861.128 m，y：227 841.332 m，z：12 088.162 m，v_x：6 311.315 m/s，v_y：1 280.284m/s，v_z：140.435 m/s。经计算，3 s 时间不考虑地球扁率造成的落点偏差在 50 m 内。

导弹发射时取 $\Delta\lambda = 0$。

弹上迭代制导的初始条件选为(部分参量见文献[175])

$$\boldsymbol{v}_{ap} = \boldsymbol{v}_{a0}, \boldsymbol{x}_{rap} = \boldsymbol{x}_{ra0}, \boldsymbol{v}_{th} = \boldsymbol{x}_{rth} = 0, \boldsymbol{\lambda}_{vm} = [1 \quad 0 \quad 0]^{\mathrm{T}}, \boldsymbol{\lambda}_{rm} = [10^{-4} \quad 0 \quad 0]$$

$$L_T = J_T = S_T = Q_T = 0.0$$

制导周期选为 $T = 0.05$ s，关机附近取为 $T = 0.002$ s。允许误差为 $\varepsilon_v = 0.001$ m/s，$\varepsilon_r = 1$ m，约束停止制导时间为 $\Delta t = 0.01$ s。

2. 仿真方法及结论

仿真时，用标准弹道求出制导段各周期的视速度增量和视加速度，根据弹上导航方程按弹上迭代制导方法进行计算。方法误差的计算在这里只考虑起飞质量偏差、发动机推力偏差、秒耗量偏差、推力线偏斜、比推力偏差、风干扰、压力偏差、程序角偏差和重心偏差共 9 种主要干扰的影响。经仿真计算，弹上迭代制导的方法误差为 91 m，这是地球扁率影响和弹上制导方程简化所造成的。

基于标准弹道点的最优制导方法无须进行虚拟目标点的修正，只要被动段没有任何其他干扰，导弹就会精确地命中目标。该制导方法基于椭圆弹道理论，适于在大气层外进行制导，这便于控制导弹的推力方向。本节给出的弹上迭代制导方法能够控制导弹精确进入需要椭圆轨道，制导方法误差很小。但制导方程的简化也给制导带来了不小的误差，为了达到更高的精度，对控制量需要更高阶地展开计算。因制导过程中有积分和迭代运算，计算量比闭路制导方法更大，所以该制导方法对弹上计算机的计算能力有一定的要求，当计算能力不能满足时，导弹宜采用闭路制导方法。

6.3 制导工具误差对扰动引力补偿效果的影响

由于制导工具误差的影响，所以弹上导航解算获得的导弹当前位置是存在误差的。按此位置实时算得的扰动引力并不是导弹实际位置上的扰动引力，因而引起扰动引力的计算存在误差，势必会影响扰动引力的补偿效果。因制导工具误差的影响，扰动引力的补偿是否对提高导弹命中精度有效呢？下面将对此问题进行仿真研究。

远程弹道导弹一般采用平台惯导系统，以提高导航精度。平台惯导系统工具误差可采用两种方法进行计算，一种是弹道计算法，二是环境函数法。本节讨论制导工具误差对扰动引力补偿效果的影响，主要讨论导弹主动段在进行扰动引力实时补偿和不进行扰动引力补偿两种情况下导弹的命中精度的比较。因而采用弹道法计算工具误差比较方便。

6.3.1　弹道法计算工具误差

弹道计算就是把每项工具误差当作一种干扰因素加入弹道方程，并根据具体关机、导引条件计算弹道，求出相应的落点偏差。平台系统的工具误差计算主要包含两大项，第一项是坐标基准误差，第二项是加速度表测量误差。

6.3.1.1　坐标基准误差弹道法计算

发动机摆动角 $\delta\varphi$、$\delta\psi$ 的控制方程（略去滚动）为

$$\begin{cases}\delta\varphi = a_{\varphi}\Delta\varphi + m' \\ \delta\psi = a_{\psi}\psi + n'\end{cases}$$

式中：a_{φ} 和 a_{ψ} 为控制方程系数；m' 和 n' 为控制量；$\Delta\varphi$、ψ 为导弹相对于平台坐标系的旋转角，可由角传感器测量。但由于平台基准产生角漂移误差 α_{xp}、α_{yp}、α_{zp} 后，控制方程应改为

$$\begin{cases}\delta\varphi = a_{\varphi}(\Delta\varphi + \alpha_{zp}) + m' \\ \delta\psi = a_{\psi}(\psi + \alpha_{yp}\cos\beta_{zp} - \alpha_{xp}\sin\beta_{zp}) + n'\end{cases}$$

式中：β_{zp} 是标准条件下 z 轴方向的角传感器给出的惯性平台测量角信号，可近似认为 $\beta_{zp} = \widetilde{\varphi}$。平台基准角漂移误差 α_{xp}、α_{yp}、α_{zp} 按式(7-22)与弹道积分计算同时进行。

6.3.1.2　加表测量误差弹道法计算

将加表误差模型式(7-23)计算得到的视加速度误差加入弹道方程中，与弹道积分计算同时进行。

6.3.1.3　制导工具误差计算流程

制导工具误差一般采用蒙特卡洛方法进行计算。在进行制导工具误差计算时，假设平台惯导系统各工具误差系数各不相关，且服从零均值的正态分布。对工具误差系数每产生一组正态随机数，代入平台惯导系统工具误差模型，解算干扰弹道，获得一组落点偏差。共模拟计算 N 次，然后进行命中精度评估。制导工具误差

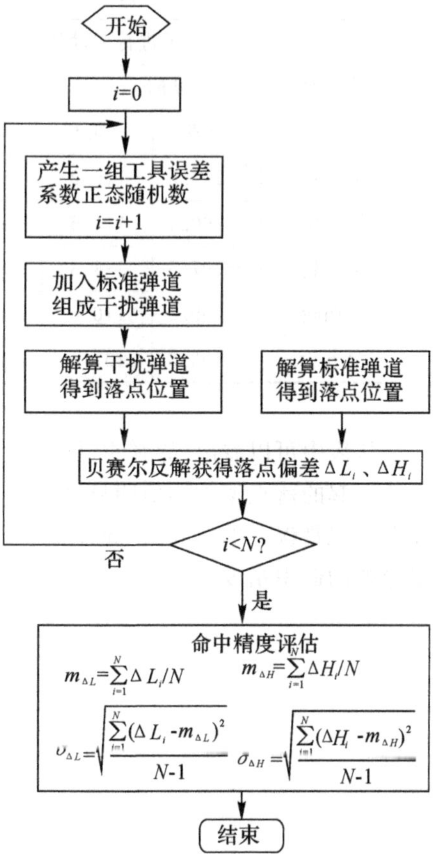

图 6-7　制导工具误差计算流程

计算流程如图 6-7 所示。

6.3.2 制导工具误差对扰动引力补偿影响仿真计算

6.3.2.1 仿真条件

选择一条射程为 7 300 km 的标准弹道进行仿真，导弹的射击条件同 2.2.1 节。设没有工具误差情况下实时计算扰动引力进行补偿得到的落点为目标落点。按工具误差系数射前一次通电标定精度是逐次通电标定精度的 10 倍以上，此处采用较小标准差的工具误差系数进行仿真。原因是当工具误差过大时，扰动引力相对工具误差对弹道导弹命中精度的影响小得多，也失去了补偿的意义。

6.3.2.2 仿真结果

蒙特卡洛仿真次数 500 次，进行五轮仿真，分别在进行导弹主动段扰动引力实时补偿和不进行扰动引力补偿两种情况下，评估工具误差对弹道导弹命中精度的影响。仿真结果见表 6-1。

表 6-1 不同补偿方案下的导弹命中精度

轮次	不进行主动段扰动引力补偿				进行主动段扰动引力补偿			
	纵向/m		横向/m		纵向/m		横向/m	
	均值	标准差	均值	标准差	均值	标准差	均值	标准差
第一轮	−197.5	146.2	50.4	143.7	−119.2	222.0	3.7	143.8
第二轮	−200.4	141.6	37.8	141.8	−103.7	213.8	−8.9	141.7
第三轮	−197.5	134.3	52.4	144.2	−107.4	214.5	5.8	144.4
第四轮	−199.0	146.6	45.2	137.3	−94.1	202.5	−1.3	137.5
第五轮	−193.3	137.4	42.5	140.3	−101.6	212.8	−4.2	140.2

从表中可以看出，导弹主动段进行扰动引力实时补偿相对不进行扰动引力补偿情况，工具误差引起的落点偏差均值明显减小，纵向标准差变大，横向标准差差不多。可以得出结论：导弹存在工具误差的情况下，导弹主动段进行扰动引力实时补偿是有效果的，在一定程度上提高了导弹的命中精度。

第7章　基于动基座重力梯度仪的弹上扰动引力补偿方法

随着导弹制导精度总体水平的提高，扰动引力对制导精度的影响将会突显出来，必须采用更先进、更简便和更有效的方法来克服扰动引力的影响，并减轻阵地准备的工作量。为了精确地计算出弹道，提高导弹的命中精度，必须知道导弹主动段弹道上每一个位置引力的大小及方向。现在扰动引力的计算模型虽然有数种，但用于弹上计算的模型都很少见，原因有二：一是扰动引力计算模型的计算量大，弹载计算机限制了扰动引力的计算速度；二是计算模型的精度还不能保证。因此，最好的办法就是能在弹上进行实时测量获得引力加速度，动基座重力梯度仪（Moving-base Gravity Gradiometer，MGG）能够完成这个使命。

文献[176]通过研究受力质点的世界线偏离方程，得出结论——纯引力场信息可通过黎曼张量反映出来，而黎曼张量可以用重力梯度仪加惯性平台惯性陀螺来测定。因此，可利用重力梯度仪配以惯性平台来获得导弹弹道上的引力梯度信息，从而实现扰动引力的补偿。利用重力梯度仪对惯导系统进行实时引力补偿，不受引力数据的限制，且自主性高，但对梯度仪的精度要求很高。本章重在应用重力梯度仪补偿扰动引力，对其方案进行了深入而详细的研究。

7.1　重力梯度仪的测量原理

所谓重力梯度指的是下列重力位 W 的二阶导数：

$$\nabla \boldsymbol{g}=\begin{bmatrix}\dfrac{\partial^2 W}{\partial x^2} & \dfrac{\partial^2 W}{\partial x\partial y} & \dfrac{\partial^2 W}{\partial x\partial z}\\ \dfrac{\partial^2 W}{\partial x\partial y} & \dfrac{\partial^2 W}{\partial y^2} & \dfrac{\partial^2 W}{\partial y\partial z}\\ \dfrac{\partial^2 W}{\partial x\partial z} & \dfrac{\partial^2 W}{\partial y\partial z} & \dfrac{\partial^2 W}{\partial z^2}\end{bmatrix}$$

由于重力梯度仪一般是在一个运动的载体中进行测量的，所以通常要将其相对惯性空间旋转所产生的加速度影响分离出去，故实际测量的结果是地球引力位 V 的二阶导数：

$$[V_{ij}]=\begin{bmatrix}\dfrac{\partial^2 V}{\partial x^2} & \dfrac{\partial^2 V}{\partial x\partial y} & \dfrac{\partial^2 V}{\partial x\partial z}\\ \dfrac{\partial^2 V}{\partial x\partial y} & \dfrac{\partial^2 V}{\partial y^2} & \dfrac{\partial^2 V}{\partial y\partial z}\\ \dfrac{\partial^2 V}{\partial x\partial z} & \dfrac{\partial^2 V}{\partial y\partial z} & \dfrac{\partial^2 V}{\partial z^2}\end{bmatrix} \tag{7-1}$$

由于引力位是调和函数，即满足拉普拉斯方程 $\Delta V=0$，并且式(7-1)中的矩阵具有对称性，所以引力梯度仅有五个分量是独立的。

总的来说，重力梯度测量原理分为两类：差分加速度测量和扭矩测量。后者通过测定作用在检测质量上的力矩来间接获取重力梯度值，这类仪器的精度目前相对较低；前者通过测量加速度计之间加速度差来获取重力梯度的观测值，这类仪器精度高，选择此类重力梯度仪可进行扰动引力实时补偿，下面阐述其测量原理。

由牛顿第二定律可知，作用于质点的力等于质点的质量与质点相对惯性空间运动加速度的乘积，即

$$m\ddot{\boldsymbol{r}}_I=\boldsymbol{F}$$

式中：$\boldsymbol{r}_I$ 是质点关于惯性坐标系原点的位置矢量，$\ddot{\boldsymbol{r}}_I$ 表示 $\boldsymbol{r}_I$ 对时间的二阶导数；m 是质点的质量；$\boldsymbol{F}$ 是质点受到的外力。

$\boldsymbol{F}$ 包括万有引力$\boldsymbol{G}_I$，在自由落体运动中还包括大气阻力、太阳辐射压等外力，在约束运动下则还包括弹力或电磁作用力等。因此，$\boldsymbol{F}$ 为这些外力的和：

$$\boldsymbol{F}=\boldsymbol{G}_I+\boldsymbol{F}_I^{(1)}+\boldsymbol{F}_I^{(2)}+\cdots$$

惯性加速度表示为

$$\ddot{\boldsymbol{r}}_I=\frac{1}{m}[\boldsymbol{G}_I+\boldsymbol{F}_I^{(1)}+\boldsymbol{F}_I^{(2)}+\cdots] \tag{7-2}$$

设

$$\boldsymbol{V}_I=\frac{1}{m}\boldsymbol{G}_I \tag{7-3}$$

$$\boldsymbol{f}_I=\frac{1}{m}[\boldsymbol{F}_I^{(1)}+\boldsymbol{F}_I^{(2)}+\cdots] \tag{7-4}$$

式中：$\boldsymbol{V}_I$ 为引力加速度；$\boldsymbol{f}_I$ 称为比力。

现设一载体坐标系 $Oxyz$，它以角速度 $\omega(t)$ 相对惯性空间旋转，其坐标原点还以惯性加速度 $\boldsymbol{a}_I$ 运动，$\boldsymbol{R}_I^b$ 是从惯性坐标系到载体坐标系的坐标转换矩阵。根据理论力学可知：

$$\boldsymbol{R}_I^b\ddot{\boldsymbol{r}}_I=\ddot{\boldsymbol{r}}_b+2\boldsymbol{\omega}\times\dot{\boldsymbol{r}}_b+\dot{\boldsymbol{\omega}}\times\boldsymbol{r}_b+\boldsymbol{\omega}\times(\boldsymbol{\omega}\times\boldsymbol{r}_b)+\boldsymbol{R}_I^b\boldsymbol{a}_I \tag{7-5}$$

式中：$\boldsymbol{r}_b$ 是质点相对载体坐标系的位置矢量。

将式(7-2)～式(7-4)代入式(7-5)，得

$$\boldsymbol{V}_b+\boldsymbol{f}_b=\boldsymbol{r}_b+2\boldsymbol{\omega}\times\dot{\boldsymbol{r}}_b+\dot{\boldsymbol{\omega}}\times\boldsymbol{r}_b+\boldsymbol{\omega}\times(\boldsymbol{\omega}\times\boldsymbol{r}_b)+\boldsymbol{a}_b \tag{7-6}$$

式(7-6)是在载体坐标系中的加速度测量的方程。

在载体中的一点 B 处有一检测质量，通过力反圆系统保持该质量在载体坐标系中的位置不变，即有 $\ddot{\boldsymbol{r}}_b=\dot{\boldsymbol{r}}_b=0$，由加速度计测量出比力 $\boldsymbol{f}_b$，由式(7-6)得到

$$\boldsymbol{V}_b(B)+\boldsymbol{f}_b(B)=\dot{\boldsymbol{\omega}}\times\boldsymbol{r}_b+\boldsymbol{\omega}\times(\boldsymbol{\omega}\times\boldsymbol{r}_b)+\boldsymbol{a}_b \tag{7-7}$$

式中：$\boldsymbol{V}_b(B)$ 是在 B 点处的地球引力矢量，它可展开成坐标原点处的级数，取至线性项得

$$\boldsymbol{V}_b(B)=\boldsymbol{V}_b(0)+[V_{ij}]_b\boldsymbol{r}_b(B)$$

式中：$[V_{ij}]$ 是由式(7-1)定义的重力梯度张量矩阵。于是式(7-7)变为

$$\boldsymbol{f}_b(B)=-\boldsymbol{V}_b(0)-[V_{ij}]_b\boldsymbol{r}_b(B)+\dot{\boldsymbol{\omega}}\times\boldsymbol{r}_b(B)+\boldsymbol{\omega}\times[\boldsymbol{\omega}\times\boldsymbol{r}_b(B)]+\boldsymbol{a}_b \tag{7-8}$$

同理，在另一点 A 处有

$$\boldsymbol{f}_b(A) = -\boldsymbol{V}_b(0) - [V_{ij}]_b \boldsymbol{r}_b(A) + \dot{\boldsymbol{\omega}} \times \boldsymbol{r}_b(A) + \boldsymbol{\omega} \times [\boldsymbol{\omega} \times \boldsymbol{r}_b(A)] + \boldsymbol{a}_b \tag{7-9}$$

将式(7-8)和式(7-9)取差值，可得

$$\boldsymbol{f}_b(B) - \boldsymbol{f}_b(A) = -[V_{ij}]_b \Delta\boldsymbol{r}_b + \dot{\boldsymbol{\omega}} \times \Delta\boldsymbol{r}_b + \boldsymbol{\omega} \times (\boldsymbol{\omega} \times \Delta\boldsymbol{r}_b) = \{-[V_{ij}]_b + \dot{\boldsymbol{\Omega}}_{bI}^b + \boldsymbol{\Omega}_{bI}^{b^2}\} \Delta\boldsymbol{r}_b \tag{7-10}$$

式中

$$\Delta\boldsymbol{r}_b = \boldsymbol{r}_b(B) - \boldsymbol{r}_b(A)$$

是 A 、B 两点距离矢量，它是可以精确量得的。

$$\boldsymbol{\Omega}_{bI}^b = \begin{bmatrix} 0 & \omega_z & \omega_y \\ \omega_z & 0 & -\omega_x \\ -\omega_y & \omega_x & 0 \end{bmatrix}$$

记

$$[\Xi_{ij}] = \frac{\boldsymbol{f}_b(B) - \boldsymbol{f}_b(A)}{\Delta\boldsymbol{r}_b}$$

$$\left.\begin{aligned} \boldsymbol{B}^b &= \frac{1}{2}([\Xi_{ij}] + [\Xi_{ij}]^{\mathrm{T}}) \\ \boldsymbol{C}^b &= \frac{1}{2}([\Xi_{ij}] - [\Xi_{ij}]^{\mathrm{T}}) \end{aligned}\right\} \tag{7-11}$$

则有

$$[V_{ij}]_b = \boldsymbol{\Omega}_{bI}^{b^2} - \boldsymbol{B}^b \tag{7-12}$$

$$\dot{\boldsymbol{\Omega}}_{bI}^b = \boldsymbol{C}^b \tag{7-13}$$

7.2　不考虑工具误差影响的弹上扰动引力补偿方法

现假设弹上惯导精度足够高，因而可不计工具误差对导弹飞行的影响。下面在这种情况下，研究基于动基座重力梯度仪的弹上扰动引力补偿方法。弹道导弹制导方案通常分为平台-计算机制导方案和捷联式制导方案，重力梯度仪一般安装在惯性平台上，本节主要讨论平台-计算机制导方案。惯性平台上的动基重力梯度仪测量的是引力加速度梯度在发射惯性坐标系下的值。式(7-12)中令 $\boldsymbol{\Omega}_{bI}^b=0$ 即为惯性平台上动基座重力梯度仪的测量方程。其测量的引力加速度梯度张量为

$$\boldsymbol{\Gamma} = \begin{bmatrix} \dfrac{\partial g_x}{\partial x} & \dfrac{\partial g_x}{\partial y} & \dfrac{\partial g_x}{\partial z} \\ \dfrac{\partial g_y}{\partial x} & \dfrac{\partial g_y}{\partial y} & \dfrac{\partial g_y}{\partial z} \\ \dfrac{\partial g_z}{\partial x} & \dfrac{\partial g_z}{\partial y} & \dfrac{\partial g_z}{\partial z} \end{bmatrix}$$

式中：x、y、z 为导弹的位置在发射惯性坐标系下的分量；g_x、g_y、g_z 为引力加速度在发射惯性坐标系下的分量。

7.2.1 利用引力加速度梯度直接计算引力加速度

对于 g_x、g_y、g_z，可以近似对引力加速度梯度进行空间积分求得：

$$g_i = g_{0i} + \int_{x_0}^{x} \frac{\partial g_i}{\partial x} dx + \int_{y_0}^{y} \frac{\partial g_i}{\partial y} dy + \int_{z_0}^{z} \frac{\partial g_i}{\partial z} dz \quad (i = x, y, z)$$

式中：g_{0x}、g_{0y}、g_{0z} 为发射点处引力加速度在发射惯性坐标系下的分量，具体求解见文献[1,147]；x_0、y_0、z_0 为发射点位置在发射惯性坐标系下的分量。弹上引力加速度的递推公式为

$$\begin{bmatrix} g_x \\ g_y \\ g_z \end{bmatrix}_j = \begin{bmatrix} g_x \\ g_y \\ g_z \end{bmatrix}_{j-1} + \begin{bmatrix} \frac{\partial g_x}{\partial x} & \frac{\partial g_x}{\partial y} & \frac{\partial g_x}{\partial z} \\ \frac{\partial g_y}{\partial x} & \frac{\partial g_y}{\partial y} & \frac{\partial g_y}{\partial z} \\ \frac{\partial g_z}{\partial x} & \frac{\partial g_z}{\partial y} & \frac{\partial g_z}{\partial z} \end{bmatrix}_{j-1} \left(\begin{bmatrix} x \\ y \\ z \end{bmatrix}_j - \begin{bmatrix} x \\ y \\ z \end{bmatrix}_{j-1} \right) \tag{7-14}$$

通过式(6-1)、式(6-2)和式(7-14)进行弹上制导计算，可见上面的递推公式是基于引力加速度梯度即泰勒展开的一阶项进行计算的，存在着一定的误差，将在算例中给予分析。下面提出更高精度的利用引力加速度梯度计算扰动引力梯度的扰动引力补偿方法。

7.2.2 利用扰动引力梯度计算扰动引力

正常引力加速度的计算公式为

$$g_i^* = g_r \frac{i + R_{0i}}{r} + g_\omega \frac{\omega_i}{\omega} \quad (i = x, y, z)$$

式中

$$\begin{cases} g_r = -\dfrac{fM}{r^2} + \dfrac{\mu}{r^4}(5\sin^2\varphi_s - 1) \\ g_\omega = -2\dfrac{\mu}{r^4}\sin\varphi_s \\ r = \sqrt{(R_{0x} + x)^2 + (R_{0y} + y)^2 + (R_{0z} + z)^2} \\ \varphi_s = \arcsin\left[\dfrac{(R_{0x} + x)\omega_x + (R_{0y} + y)\omega_y + (R_{0z} + z)\omega_z}{r\omega}\right] \end{cases}$$

其中：fM 为地心引力常数；μ 为粗球体扁率常数；φ_s 为地心纬度；r 为地心矢径大小。可得正常引力加速度梯度的求法如下：

令

$$d = \frac{(R_{0x} + x)\omega_x + (R_{0y} + y)\omega_y + (R_{0z} + z)\omega_z}{r\omega}$$

则有

$$\frac{\partial d}{\partial i} = \frac{\omega_i r - d\omega(i + R_{0i})}{\omega r^2} \quad (i = x, y, z)$$

$$\frac{\partial \varphi_s}{\partial i}=\frac{1}{\sqrt{1-d^2}}\frac{\partial d}{\partial i}\quad (i=x,y,z) \tag{7-15}$$

$$\frac{\partial g_r}{\partial i}=\frac{2fM(i+R_{0i})}{r^4}-\frac{4\mu(i+R_{0i})}{r^6}(5\sin^2\varphi_s-1)+\frac{10\mu}{r^4}\sin\varphi_s\cos\varphi_s\frac{\partial \varphi_s}{\partial i}\quad (i=x,y,z) \tag{7-16}$$

$$\frac{\partial g_\omega}{\partial i}=\frac{8\mu(i+R_{0i})}{r^6}\sin\varphi_s-2\frac{\mu}{r^4}\cos\varphi_s\frac{\partial \varphi_s}{\partial i}\quad (i=x,y,z) \tag{7-17}$$

$$\left.\begin{aligned}\frac{\partial g_i^*}{\partial k}&=\frac{\partial g_r}{\partial k}\frac{i+R_{0i}}{r}-g_r\frac{(i+R_{0i})(k+R_{0k})}{r^3}+\frac{\partial g_\omega}{\partial k}\frac{\omega_i}{\omega}\quad (i\neq k)\\ \frac{\partial g_i^*}{\partial k}&=\frac{\partial g_r}{\partial k}\frac{i+R_{0i}}{r}+g_r\frac{r^2-(i+R_{0i})(k+R_{0k})}{r^3}+\frac{\partial g_\omega}{\partial k}\frac{\omega_i}{\omega}(i=k)\end{aligned}\right\}(i=x,y,z;k=x,y,z) \tag{7-18}$$

从而可以算出扰动引力梯度为

$$\frac{\partial \delta g_i}{\partial k}=\frac{\partial g_i}{\partial k}-\frac{\partial g_i^*}{\partial k}\quad (i=x,y,z;k=x,y,z) \tag{7-19}$$

积分得

$$\delta g_i=\delta g_{0i}+\int_{x_0}^{x}\frac{\partial \delta g_i}{\partial x}dx+\int_{y_0}^{y}\frac{\partial \delta g_i}{\partial y}dy+\int_{z_0}^{z}\frac{\partial \delta g_i}{\partial z}dz(i=x,y,z)$$

式中：δg_{0x}、δg_{0y}、δg_{0z} 为发射点处扰动引力在发射惯性坐标系下的分量，具体求解见文献[1,147]。

$$\begin{bmatrix}\delta g_x\\ \delta g_y\\ \delta g_z\end{bmatrix}_j=\begin{bmatrix}\delta g_x\\ \delta g_y\\ \delta g_z\end{bmatrix}_{j-1}+\begin{bmatrix}\frac{\partial \delta g_x}{\partial x} & \frac{\partial \delta g_x}{\partial y} & \frac{\partial \delta g_x}{\partial z}\\ \frac{\partial \delta g_y}{\partial x} & \frac{\partial \delta g_y}{\partial y} & \frac{\partial \delta g_y}{\partial z}\\ \frac{\partial \delta g_z}{\partial x} & \frac{\partial \delta g_z}{\partial y} & \frac{\partial \delta g_z}{\partial z}\end{bmatrix}_{j-1}\left(\begin{bmatrix}x\\ y\\ z\end{bmatrix}_j-\begin{bmatrix}x\\ y\\ z\end{bmatrix}_{j-1}\right) \tag{7-20}$$

$$\begin{bmatrix}g_x\\ g_y\\ g_z\end{bmatrix}_j=\begin{bmatrix}g_x^*\\ g_y^*\\ g_z^*\end{bmatrix}_j+\begin{bmatrix}\delta g_x\\ \delta g_y\\ \delta g_z\end{bmatrix}_j \tag{7-21}$$

通过式(6-1)、式(6-2)、式(7-15)～式(7-21)进行弹上制导计算，可以更高精度地实现对导弹扰动引力的补偿。

7.2.3 算例分析

选择一条射程为7 300 km左右的标准弹道，导弹的射击条件同2.2.1节。在此标准弹道的基础上对以下两项误差进行分析。

7.2.3.1 利用正常引力梯度积分计算正常引力误差分析

利用引力加速度梯度积分计算引力加速度，包含了利用正常引力梯度积分来计算正常引力加速度，而正常引力不是关于位置的线性函数，这样会产生一定的误差。在上述条件下对正常引力采用两种方法进行计算，其计算偏差结果如图 7-1 所示。

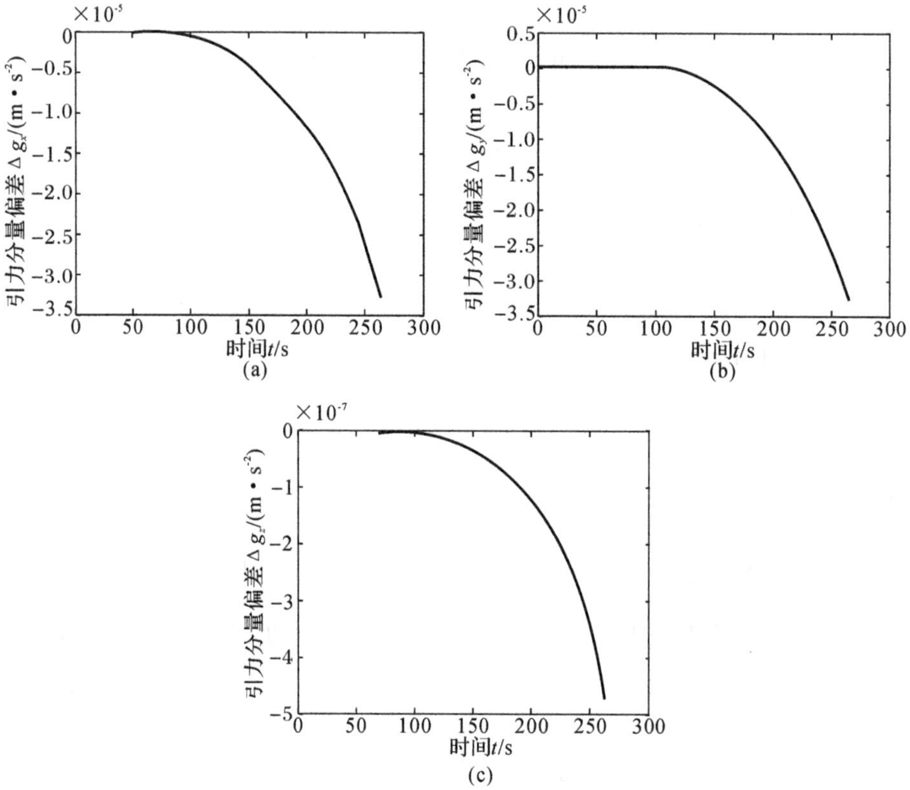

图 7-1 引力梯度积分计算引力加速度误差图

在主动段，正常引力加速度分别按正常引力梯度积分计算和按正常引力加速度公式计算来解算弹道，积分步长为 0.05 s，其相对落点偏差见表 7-1。

表 7-1 不同引力加速度计算模式下的相对落点偏差

落点偏差	射击方位角/(°)							
	0	45	90	135	180	225	270	315
纵向/m	−10.721	−15.048	−11.069	−10.997 8	−10.826	−10.416	−10.180	−10.359 4
横向/m	−1.188	−1.646	−0.615	0.036	0.127	−0.122	−0.438	−0.809

可见对于远程导弹来说，按正常引力梯度积分计算正常引力加速度会产生数十米左右的误差。

7.2.3.2 利用扰动引力梯度积分计算扰动引力误差分析

利用引力加速度梯度推导扰动引力梯度，然后再利用扰动引力梯度求得扰动引力，与正常引力之和即为地球引力加速度。对于这种求法的误差采用球谐函数模型进行仿真计算。

发射惯性坐标系与北东坐标系的转换关系为

$$\begin{bmatrix} x \\ y \\ z \end{bmatrix}_m = \boldsymbol{N} \begin{bmatrix} n \\ r \\ e \end{bmatrix}_m$$

$$\boldsymbol{N} = \begin{bmatrix} f_{11}/\cos\varphi_{sm} & r_{xm}^0 & f_{31}/\cos\varphi_{sm} \\ f_{12}/\cos\varphi_{sm} & r_{ym}^0 & f_{32}/\cos\varphi_{sm} \\ f_{13}/\cos\varphi_{sm} & r_{zm}^0 & f_{33}/\cos\varphi_{sm} \end{bmatrix}$$

式中

$$\begin{bmatrix} f_{11} \\ f_{12} \\ f_{13} \end{bmatrix} = \begin{bmatrix} \omega_x^0 \\ \omega_y^0 \\ \omega_z^0 \end{bmatrix} - \sin\varphi_{sm} \begin{bmatrix} r_{xm}^0 \\ r_{ym}^0 \\ r_{zm}^0 \end{bmatrix}$$

$$\begin{bmatrix} f_{31} \\ f_{32} \\ f_{33} \end{bmatrix} = \begin{bmatrix} \omega_y^0 r_{zm}^0 - \omega_z^0 r_{ym}^0 \\ \omega_z^0 r_{xm}^0 - \omega_x^0 r_{zm}^0 \\ \omega_x^0 r_{ym}^0 - \omega_y^0 r_{xm}^0 \end{bmatrix}$$

$$\varphi_{sm} = \arcsin(\omega_x^0 r_{xm}^0 + \omega_y^0 r_{ym}^0 + \omega_z^0 r_{zm}^0)$$

式中：ω_x^0、ω_y^0、ω_z^0 为地球自转角速度单位矢量 $\boldsymbol{\omega}^0$ 在发射惯性坐标系各轴上的投影；r_{xm}^0、r_{ym}^0、r_{zm}^0 为 m 点的地心矢径单位矢量 $\boldsymbol{r}^0$ 在发射惯性坐标系各轴上的投影；φ_{sm} 为 m 点的地心纬度。

北东坐标系下扰动引力梯度的球谐函数模型见式(5－14)。将其转到发射惯性系下，得到发射惯性系下的扰动引力梯度张量矩阵为

$$\boldsymbol{\Gamma}_{\delta g}^{(x,y,z)} = \begin{bmatrix} \delta g_{xx} & \delta g_{xy} & \delta g_{xz} \\ \delta g_{yx} & \delta g_{yy} & \delta g_{yz} \\ \delta g_{zx} & \delta g_{zy} & \delta g_{zz} \end{bmatrix} = \boldsymbol{N}\boldsymbol{\Gamma}_{\delta g}^{(n,r,e)}\boldsymbol{N}^{\mathrm{T}}$$

采用球谐函数模型 GEM94，分别利用扰动引力梯度和扰动引力的球谐函数模型计算扰动引力，其偏差结果如图 7－2 所示，产生的相对落点偏差不超过 0.1 m。

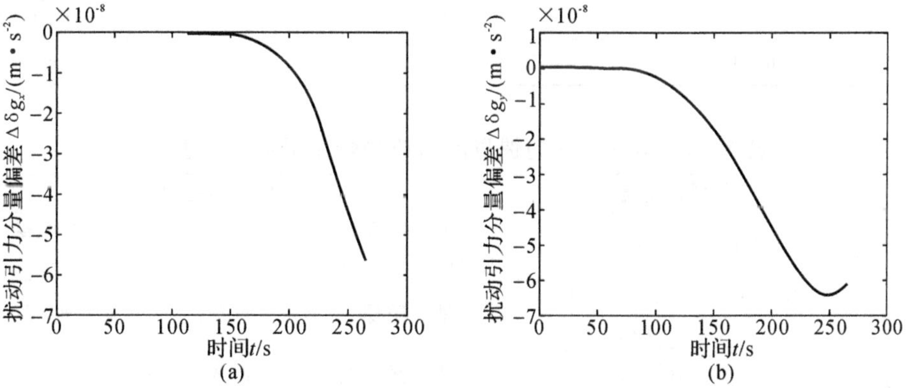

图 7－2　扰动引力梯度积分计算扰动引力误差图

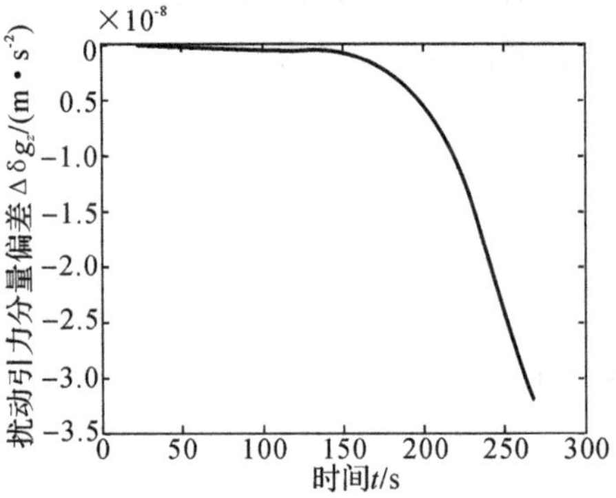

(c)

续图 7-2 扰动引力梯度积分计算扰动引力误差图

可见利用扰动引力梯度可以更精确地计算扰动引力，但是弹上计算量比利用引力加速度梯度积分计算引力加速度的方法更大，可以根据实际精度要求选择相应的扰动引力补偿方法。

7.3 考虑工具误差影响的弹上扰动引力补偿方法

惯性导航技术是一门非常精密而复杂的尖端技术，使用性能不同的惯性元件可以达到完全不同的导航定位效果。陀螺仪和加速度计是惯性导航系统的核心部件。它们的性能直接决定了惯导系统的定位精度，人们常按照精度将惯导分为不同等级，但不同的领域、学派所使用的标准和术语也并不相同，总体有战略级、惯性级、导航级、战术级、速率级、低成本等，表 7-2 为法国 Lefevre 博士于 1993 年列出的不同等级的惯导所使用的陀螺精度。表 7-3 为美国麻省理工学院 Draper 实验室 Greenspan 博士在 1995 年对惯性导航系统（Inertial Navigation System，INS）的发展水平进行总结时，所给出的不同级别惯导系统所对应的传感器精度和类型。虽然两者的表述不尽相同，但仍可以看出基本的精度范围。

表 7-2 不同等级的惯导所使用的陀螺精度

级　别	偏置漂移 $(1\sigma)/[(°)\cdot h^{-1}]$	偏置白噪声或随机游走 $/[(°)\cdot h^{-1/2}]$	标准因子精度 $(1\sigma)/g$
惯性级	<0.01	<0.01	$<5\times10^{-6}$
战术级	0.1～10	0.05～0.5	$(10\sim1\,000)\times10^{-6}$
速率级	10～1 000	>0.5	0.1%～1%

表 7-3 不同等级的惯导所对应的传感器精度和类型

级　别	传感器精度	传感器类型
战略级	<0.000 1°/h，1 μg	液浮陀螺、静电陀螺、力再平衡加速度计、摆式积分陀螺加速度计
导航级	(0.000 1°～0.015°)/h，(5～10)μg	液浮陀螺、环形激光陀螺、力再平衡加速度计
低成本	(1°～10°)/h，(0.1～1)mg	环形激光陀螺、光纤陀螺、半球谐振陀螺、石英调谐加速度计、微电子机械设备、力再平衡加速度计

当前，加速度计的制造水平相对成熟，已能达到 10^{-8} m/s^2 以上量级，斯坦福大学实验惯性加表元件已达到了这样的精度，此外，原子干涉技术在加速度计上的应用有望使加速度计精度达到 10^{-10} m/s^2 量级。而陀螺仪的发展相对加速度计比较落后。弹道导弹制导工具误差是影响导弹命中精度的一个重要因素，对纯惯导方案而言，制导工具误差占整个落点偏差的70%～80%。

由于工具误差和扰动引力的影响，弹上导航计算的当前位置并不是实际值，动基座重力梯度仪能够测量导弹实际位置的重力梯度，可以利用导弹当前位置的实际重力梯度信息进行导弹当前位置的修正。基于此，本节提出基于动基座重力梯度仪 MGG 的飞行状态滤波估计方案。远程弹道导弹一般采用平台式 INS 以提高其导航精度，本节以平台式惯性导航系统为对象进行研究。

7.3.1　平台式惯导系统误差模型

7.3.1.1　平台式惯导系统结构及原理

平台式惯导系统是中、远程和洲际弹道式导弹及远程巡航导弹惯性制导较常采用的方案。陀螺稳定平台一般指由陀螺仪、伺服系统、加速度表以及附属电子系统组成的能够修正干扰力矩引起的角偏差，保持台体相对惯性空间具有恒定指向或者按照平台指令信号跟踪一定参考坐标轴的装置，一般简称为惯性平台。平台完成两项重要职能：为加速度表测量提供惯性坐标系基准和使惯性器件与导弹的角运动隔离。在弹道导弹上常采用的三轴惯性平台一般用三个单自由度液浮、气浮或挠性陀螺通过三个伺服回路将台体稳定在惯性空间，台体上放置三个互相垂直的加速度表，用来测量导弹的视加速度，如图 7-3 所示。

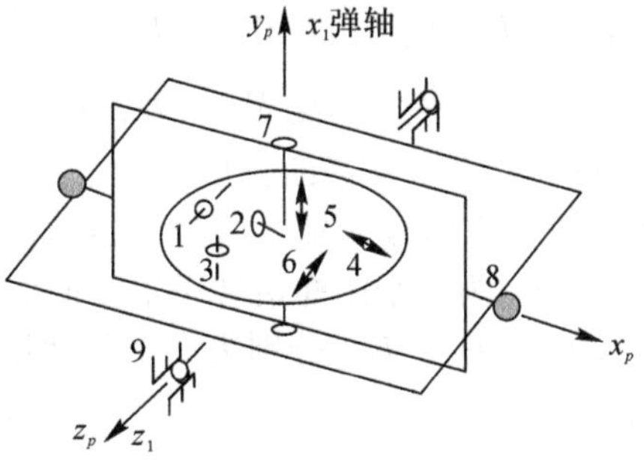

图 7-3　三轴陀螺稳定平台结构

1,2,3—稳定平台 x_p、y_p、z_p 轴的单自由度陀螺；4,5,6—测量 x_p、y_p、z_p 向的加速度表；
7,8,9—台体及内、外框架轴角度传感器

导弹上的平台系统既起到为制导系统提供平台基准的作用，又是回路控制系统的角度敏感元件而起到回路控制作用。平台身兼二职：作为导弹制导系统的基准，平台上放置三个加速度计以测量导弹在惯性空间的视加速度；平台作为回路控制敏感元件通过平台系统求出导弹姿态角——俯仰角偏差 $\Delta\varphi$ 、偏航角 ψ 及滚动角 γ ，并将此姿态角信号送到回路控制系统中去实现姿态控制任务。当平台系统出现基准误差时，通过回路控制系统给导弹控制力执行机构以信号而产生控制力及力矩。在其作用下，弹体跟着旋转，使导弹弹体出现了与平台基准误差

大小相等、符号相同的角度偏差。

常见的平台上仪表及平台本身的定位取向如图 7-4 所示，图中的符号 G_x、G_y、G_z 表示敏感 x、y、z 向的陀螺仪；A_x、A_y、A_z 表示敏感 x、y、z 向的加速度表；$O\text{-}xyz$ 为惯性坐标系；I、O、H 分别表示陀螺仪的敏感轴、输出轴、转子轴。

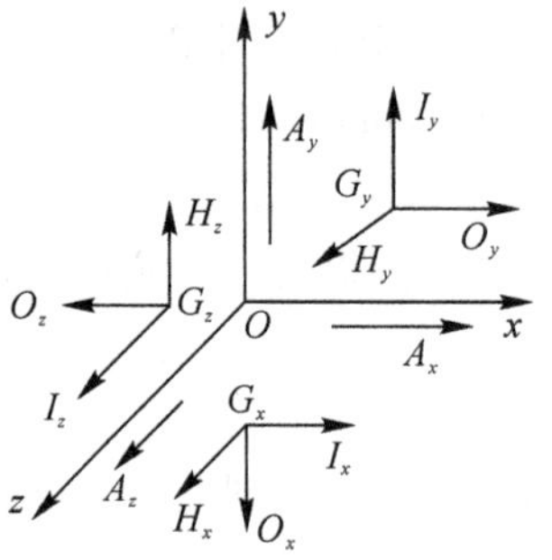

图 7-4　平台及仪表取向

要对惯性器件的制导工具误差进行分析，首先要确定惯性器件的误差模型，然后才能计算惯性器件各误差系数对导弹运动参数的影响。导弹制导系统所使用的惯性器件是多种多样的，因此其误差模型也是各不相同的，为了便于研究，这里给出陀螺、加速度计及平台通常采用的误差模型。

7.3.1.2　陀螺仪误差模型

陀螺仪误差模型为

$$\left.\begin{aligned}\dot{\alpha}_{xp}&=D_{01}+D_{11}\dot{W}_{xp}+D_{21}\dot{W}_{zp}+D_{31}\dot{W}_{xp}\dot{W}_{zp}\\\dot{\alpha}_{yp}&=D_{02}+D_{12}\dot{W}_{yp}+D_{22}\dot{W}_{zp}+D_{32}\dot{W}_{yp}\dot{W}_{zp}\\\dot{\alpha}_{zp}&=D_{03}+D_{13}\dot{W}_{zp}+D_{23}\dot{W}_{yp}+D_{33}\dot{W}_{zp}\dot{W}_{yp}\end{aligned}\right\}\tag{7-22}$$

式中：$\dot{W}_{xp}$、$\dot{W}_{yp}$、$\dot{W}_{zp}$ 为视加速度沿平台坐标系的分量；D_{01}、D_{02}、D_{03} 为三个陀螺与过载无关的误差系数；D_{11}、D_{12}、D_{13} 为三个陀螺沿输入轴方向的质心偏移与自转轴方向的加速度一次方成正比的误差系数；D_{21}、D_{22}、D_{23} 为三个陀螺沿转子轴方向的质心偏移与输入轴方向的加速度一次方成正比的误差系数；D_{31}、D_{32}、D_{33} 分别为三个陀螺浮子结构的不等刚度引起的与加速度二次方成正比的误差系数。

7.3.1.3　加速度表误差模型

加速度表误差模型为

$$\left.\begin{aligned}\delta\dot{W}_{ax}&=C_{01}+C_{11}\dot{W}_x\\\delta\dot{W}_{ay}&=C_{02}+C_{12}\dot{W}_y\\\delta\dot{W}_{az}&=C_{03}+C_{13}\dot{W}_z\end{aligned}\right\}\tag{7-23}$$

式中：C_{01}、C_{02}、C_{03} 是与过载无关的误差系数；C_{11}、C_{12}、C_{13} 是与过载有关的线性比例因子误差。

7.3.1.4　平台系统误差引起的视加速度总误差

平台坐标系的漂移量 α_{xp}、α_{yp}、α_{zp} 较小，则 $\dot{W}$ 沿惯性坐标系分量 $\dot{W}_x$、$\dot{W}_y$、$\dot{W}_z$ 与沿平台

坐标系的分量 $\dot{W}_{xp}$ 、$\dot{W}_{yp}$ 、$\dot{W}_{zp}$ 之间可用小角转动的方向余弦关系表示为

$$\begin{bmatrix}\dot{W}_{xp}\\ \dot{W}_{yp}\\ \dot{W}_{zp}\end{bmatrix}=\begin{bmatrix}1 & -\alpha_{zp} & \alpha_{yp}\\ \alpha_{zp} & 1 & -\alpha_{xp}\\ -\alpha_{yp} & \alpha_{xp} & 1\end{bmatrix}\begin{bmatrix}\dot{W}_{x}\\ \dot{W}_{y}\\ \dot{W}_{z}\end{bmatrix}$$

由陀螺漂移误差引起的视加速度误差为

$$\begin{bmatrix}\delta\dot{W}_{gx}\\ \delta\dot{W}_{gy}\\ \delta\dot{W}_{gz}\end{bmatrix}=\begin{bmatrix}1 & -\alpha_{zp} & \alpha_{yp}\\ \alpha_{zp} & 1 & -\alpha_{xp}\\ -\alpha_{yp} & \alpha_{xp} & 1\end{bmatrix}\begin{bmatrix}\dot{W}_{x}\\ \dot{W}_{y}\\ \dot{W}_{z}\end{bmatrix}-\begin{bmatrix}\dot{W}_{x}\\ \dot{W}_{y}\\ \dot{W}_{z}\end{bmatrix}\tag{7-24}$$

从而平台系统误差引起的视加速度总误差为

$$\begin{bmatrix}\delta\dot{W}_{x}\\ \delta\dot{W}_{y}\\ \delta\dot{W}_{z}\end{bmatrix}=\begin{bmatrix}\delta\dot{W}_{gx}\\ \delta\dot{W}_{gy}\\ \delta\dot{W}_{gz}\end{bmatrix}+\begin{bmatrix}\delta\dot{W}_{ax}\\ \delta\dot{W}_{ay}\\ \delta\dot{W}_{az}\end{bmatrix}$$

将式(7－23)代入式(7－24)得

$$\begin{cases}\delta\dot{W}_{x}=\alpha_{yp}\dot{W}_{z}-\alpha_{zp}\dot{W}_{y}+C_{01}+C_{11}\dot{W}_{x}\\ \delta\dot{W}_{y}=\alpha_{zp}\dot{W}_{x}-\alpha_{xp}\dot{W}_{z}+C_{02}+C_{12}\dot{W}_{y}\\ \delta\dot{W}_{z}=\alpha_{xp}\dot{W}_{y}-\alpha_{yp}\dot{W}_{x}+C_{03}+C_{13}\dot{W}_{z}\end{cases}$$

当平台惯导加表精度足够高时，忽略加表测量误差影响，平台惯导误差主要由陀螺系统误差引起，从而有

$$\left.\begin{aligned}\delta\dot{W}_{x}&=\alpha_{yp}\dot{W}_{z}-\alpha_{zp}\dot{W}_{y}\\ \delta\dot{W}_{y}&=\alpha_{zp}\dot{W}_{x}-\alpha_{xp}\dot{W}_{z}\\ \delta\dot{W}_{z}&=\alpha_{xp}\dot{W}_{y}-\alpha_{yp}\dot{W}_{x}\end{aligned}\right\}\tag{7-25}$$

7.3.1.5　速度误差方程

导弹运动惯性坐标系速度误差方程为

$$\left.\begin{aligned}\delta\dot{v}_{x}&=\delta\dot{W}_{x}+\delta g'_{x}\\ \delta\dot{v}_{y}&=\delta\dot{W}_{y}+\delta g'_{y}\\ \delta\dot{v}_{z}&=\delta\dot{W}_{z}+\delta g'_{z}\end{aligned}\right\}\tag{7-26}$$

式中：$\delta g'_{x}$、$\delta g'_{y}$、$\delta g'_{z}$ 是引力加速度误差；δv_{x}、δv_{y}、δv_{z} 为导弹的速度误差在发射惯性坐标系下的分量。将其线性展开，有

$$\begin{bmatrix}\delta g'_{x}\\ \delta g'_{y}\\ \delta g'_{z}\end{bmatrix}=\begin{bmatrix}\dfrac{\partial g_{x}}{\partial x} & \dfrac{\partial g_{x}}{\partial y} & \dfrac{\partial g_{x}}{\partial z}\\ \dfrac{\partial g_{y}}{\partial x} & \dfrac{\partial g_{y}}{\partial y} & \dfrac{\partial g_{y}}{\partial z}\\ \dfrac{\partial g_{z}}{\partial x} & \dfrac{\partial g_{z}}{\partial y} & \dfrac{\partial g_{z}}{\partial z}\end{bmatrix}\begin{bmatrix}\delta x\\ \delta y\\ \delta z\end{bmatrix}$$

式中：δx 、δy 、δz 为导弹的位置误差在发射惯性坐标系下的分量。

7.3.1.6 位置误差方程

导弹运动惯性坐标系位置误差方程为

$$\left.\begin{aligned}\delta\dot{x}&=\delta v_x\\ \delta\dot{y}&=\delta v_y\\ \delta\dot{z}&=\delta v_z\end{aligned}\right\}\tag{7-27}$$

7.3.2 动基座重力梯度仪观测误差方程

因工具误差影响，重力梯度观测会存在误差，由重力梯度观测方程可得线性化后的误差方程为

$$\delta\boldsymbol{V}_{ij}=-\bar{\boldsymbol{V}}_{ij}[\varphi]^{\mathrm{T}}-[\varphi]\bar{\boldsymbol{V}}_{ij}-\boldsymbol{R}_b^I(\delta\boldsymbol{B}^b-\delta\boldsymbol{\Omega}_{Ib}^b\boldsymbol{\Omega}_{Ib}^b-\boldsymbol{\Omega}_{Ib}^b\delta\boldsymbol{\Omega}_{Ib}^b)\boldsymbol{R}_I^b$$

式中：$\delta\boldsymbol{V}_{ij}$ 为引力梯度误差；$[\varphi]=\begin{bmatrix}0 & -\alpha_{zp} & \alpha_{yp}\\ \alpha_{zp} & 0 & -\alpha_{xp}\\ -\alpha_{yp} & \alpha_{xp} & 0\end{bmatrix}$，$\varphi$ 为姿态角误差，是以 I 为基准观察到的；$\delta\boldsymbol{B}^b$ 为梯度仪误差；$\delta\boldsymbol{\Omega}_{Ib}^b$ 为角速度误差；$\bar{\boldsymbol{V}}_{ij}=-\boldsymbol{R}_b^I(\boldsymbol{B}^b-\boldsymbol{\Omega}_{Ib}^b\boldsymbol{\Omega}_{Ib}^b)\boldsymbol{R}_I^b$，$\boldsymbol{B}^b$ 由梯度仪观测值求得。

当动基座重力梯度仪固定在惯性平台上时，误差方程改为

$$\delta\boldsymbol{V}_{ij}=-\bar{\boldsymbol{V}}_{ij}[\varphi]^{\mathrm{T}}-[\varphi]\bar{\boldsymbol{V}}_{ij}-\delta\boldsymbol{B}^I$$

设导弹飞行当前实际位置为 Q，重力梯度可分为以下两部分：

$$\boldsymbol{V}_{ij}(Q)=\boldsymbol{G}_{ij}(Q)+\boldsymbol{T}_{ij}(Q)$$

式中：$\boldsymbol{G}_{ij}$ 为正常引力梯度；$\boldsymbol{T}_{ij}$ 为扰动引力梯度。

由于工具误差和扰动引力引起轨道偏差，弹上导航计算得到的位置为 Q'，将 $\boldsymbol{G}_{ij}(Q)+\boldsymbol{T}_{ij}(Q)$ 展开成 Q' 处的泰勒级数并取得线性项为

$$\boldsymbol{G}_{ij}(Q)+\boldsymbol{T}_{ij}(Q)=\boldsymbol{G}_{ij}(Q')+\boldsymbol{T}_{ij}(Q')-\sum_k[\boldsymbol{G}_{ijk}(Q')+\boldsymbol{T}_{ijk}(Q')]\delta x_k\quad(k=1,2,3)$$

式中：δx_k 为 Q' 点相对 Q 点间的坐标差；并且

$$[\boldsymbol{G}_{ijk}(Q')+\boldsymbol{T}_{ijk}(Q')]=\frac{\partial[\boldsymbol{G}_{ij}(Q')+\boldsymbol{T}_{ij}(Q')]}{\partial x_k}$$

因为 $\sum_k[\boldsymbol{T}_{ijk}(Q')]\delta x_k$ 很小可忽略不计，所以有

$$\boldsymbol{V}_{ij}(Q)=\boldsymbol{G}_{ij}(Q')+\boldsymbol{T}_{ij}(Q')-\sum_k[\boldsymbol{G}_{ijk}(Q')]\delta x_k$$

因而当存在工具误差时，有

$$\boldsymbol{V}_{ij}(Q)=\delta\boldsymbol{V}_{ij}(Q)+\boldsymbol{G}_{ij}(Q')+\boldsymbol{T}_{ij}(Q')-\sum_k[\boldsymbol{G}_{ijk}(Q')]\delta x_k+\Delta_1$$

式中：Δ_1 为噪声。

当不考虑平台基准误差对重力梯度观测的影响时，Q 点的重力梯度可近似通过下式

求得：

$$\bar{\boldsymbol{V}}_{ij} \approx \boldsymbol{G}_{ij}(Q') + \boldsymbol{T}_{ij}(Q') - \sum_{k} [\boldsymbol{G}_{ijk}(Q')] \delta x_k$$

当加速度计精度足够高时，忽略加速度测量误差的影响，则有

$$\boldsymbol{V}_{ij}(Q) = -\bar{\boldsymbol{V}}_{ij}[\varphi]^{\mathrm{T}} - [\varphi]\bar{\boldsymbol{V}}_{ij} + \boldsymbol{G}_{ij}(Q') + \boldsymbol{T}_{ij}(Q') - \sum_{k} [\boldsymbol{G}_{ijk}(Q')] \delta x_k + \Delta_1$$

即

$$\boldsymbol{V}_{ij}(Q) = \bar{\boldsymbol{V}}_{ij}[\varphi] - [\varphi]\bar{\boldsymbol{V}}_{ij} + \boldsymbol{G}_{ij}(Q') + \boldsymbol{T}_{ij}(Q') - \sum_{k} [\boldsymbol{G}_{ijk}(Q')] \delta x_k + \Delta_1$$

忽略高阶误差有

$$\begin{aligned} \boldsymbol{V}_{ij}(Q) = {} & [\boldsymbol{G}_{ij}(Q') + \boldsymbol{T}_{ij}(Q')][\varphi] - [\varphi][\boldsymbol{G}_{ij}(Q') + \boldsymbol{T}_{ij}(Q')] + \\ & \boldsymbol{G}_{ij}(Q') + \boldsymbol{T}_{ij}(Q') - \sum_{k} [\boldsymbol{G}_{ijk}(Q')] \delta x_k + \Delta_1 \end{aligned} \tag{7-28}$$

此即为动基座重力梯度仪的线性观测误差方程，后文将以此建立滤波量测方程。

式(7-28)中矩阵 $[\boldsymbol{G}_{ijk}(Q')]$ 中各元素求取方法如下[有关变量见式(7-15)～式(7-18)]：

$$\begin{cases} \dfrac{\partial^2 d}{\partial i \partial j} = \dfrac{\left[\omega_i r(j + R_{0j}) - \dfrac{\partial d}{\partial j}\omega(i + R_{0i}) r^2 - d\omega r^2\right] - 2[\omega_i r - d\omega(i + R_{0i})](j + R_{0j})}{\omega r^4} & (i = j) \\ \dfrac{\partial^2 d}{\partial i \partial j} = \dfrac{\left[\omega_i r(j + R_{0j}) - \dfrac{\partial d}{\partial j}\omega(i + R_{0i}) r^2\right] - 2[\omega_i r - d\omega(i + R_{0i})](j + R_{0j})}{\omega r^4} & (i \neq j) \end{cases}$$

$$\frac{\partial^2 \varphi_s}{\partial i \partial j} = \frac{d\,\dfrac{\partial d}{\partial j}\,\dfrac{\partial d}{\partial i}}{(\sqrt{1 - d^2})^3} + \frac{\dfrac{\partial^2 d}{\partial i \partial j}}{(\sqrt{1 - d^2})}$$

$$\begin{cases} \dfrac{\partial^2 g_r}{\partial i \partial j} = \dfrac{2fMr^2 - 8fM(i + R_{0i})(j + R_{0j})}{r^6} - \dfrac{4\mu r^2 - 24\mu(i + R_{0i})(j + R_{0j})}{r^8}(5\sin^2\varphi_s - 1) - \\ \qquad \dfrac{40\mu(i + R_{0i})}{r^6}\sin\varphi_s\cos\varphi_s\dfrac{\partial \varphi_s}{\partial j} - \dfrac{40\mu(j + R_{0j})}{r^6}\sin\varphi_s\cos\varphi_s\dfrac{\partial \varphi_s}{\partial i} + \\ \qquad \dfrac{10\mu}{r^4}\cos^2\varphi_s\dfrac{\partial \varphi_s}{\partial i}\dfrac{\partial \varphi_s}{\partial j} - \dfrac{10\mu}{r^4}\sin^2\varphi_s\dfrac{\partial \varphi_s}{\partial i}\dfrac{\partial \varphi_s}{\partial j} + \dfrac{10\mu}{r^4}\sin\varphi_s\cos\varphi_s\dfrac{\partial^2 \varphi_s}{\partial i \partial j} \quad (i = j) \\ \dfrac{\partial^2 g_r}{\partial i \partial j} = \dfrac{-8fM(i + R_{0i})(j + R_{0j})}{r^6} - \dfrac{-24\mu(i + R_{0i})(j + R_{0j})}{r^8}(5\sin^2\varphi_s - 1) - \\ \qquad \dfrac{40\mu(i + R_{0i})}{r^6}\sin\varphi_s\cos\varphi_s\dfrac{\partial \varphi_s}{\partial j} - \dfrac{40\mu(j + R_{0j})}{r^6}\sin\varphi_s\cos\varphi_s\dfrac{\partial \varphi_s}{\partial i} + \\ \qquad \dfrac{10\mu}{r^4}\cos^2\varphi_s\dfrac{\partial \varphi_s}{\partial i}\dfrac{\partial \varphi_s}{\partial j} - \dfrac{10\mu}{r^4}\sin^2\varphi_s\dfrac{\partial \varphi_s}{\partial i}\dfrac{\partial \varphi_s}{\partial j} + \dfrac{10\mu}{r^4}\sin\varphi_s\cos\varphi_s\dfrac{\partial^2 \varphi_s}{\partial i \partial j} \quad (i \neq j) \end{cases}$$

$$\begin{cases}\dfrac{\partial^2 g_\omega}{\partial i\partial j}=\dfrac{8\mu r^2-48\mu(i+R_{0i})(j+R_{0j})}{r^8}\sin\varphi_s+\dfrac{8\mu(i+R_{0i})}{r^6}\cos\varphi_s\dfrac{\partial\varphi_s}{\partial j}- \\ \qquad \dfrac{-8\mu(j+R_{0j})}{r^6}\cos\varphi_s\dfrac{\partial\varphi_s}{\partial i}+\dfrac{2\mu}{r^4}\sin\varphi_s\dfrac{\partial\varphi_s}{\partial i}\dfrac{\partial\varphi_s}{\partial j}-\dfrac{2\mu}{r^4}\cos\varphi_s\dfrac{\partial^2\varphi_s}{\partial i\partial j}\quad(i=j) \\ \dfrac{\partial^2 g_\omega}{\partial i\partial j}=\dfrac{-48\mu(i+R_{0i})(j+R_{0j})}{r^8}\sin\varphi_s+\dfrac{8\mu(i+R_{0i})}{r^6}\cos\varphi_s\dfrac{\partial\varphi_s}{\partial j}- \\ \qquad \dfrac{-8\mu(j+R_{0j})}{r^6}\cos\varphi_s\dfrac{\partial\varphi_s}{\partial i}+\dfrac{2\mu}{r^4}\sin\varphi_s\dfrac{\partial\varphi_s}{\partial i}\dfrac{\partial\varphi_s}{\partial j}-\dfrac{2\mu}{r^4}\cos\varphi_s\dfrac{\partial^2\varphi_s}{\partial i\partial j}\quad(i\neq j)\end{cases}$$

$$\begin{cases}\dfrac{\partial g_i}{\partial k\partial j}=\dfrac{\partial^2 g_r}{\partial k\partial j}\dfrac{i+R_{0i}}{r}+\dfrac{\partial g_r}{\partial k}\dfrac{r^2-(i+R_{0i})(j+R_{0j})}{r^3}-\dfrac{\partial g_r}{\partial j}\dfrac{(i+R_{0i})(k+R_{0k})}{r^3}- \\ \qquad g_r\dfrac{(k+R_{0k})r^2-3(i+R_{0i})(j+R_{0j})(k+R_{0k})}{r^5}+\dfrac{\partial^2 g_\omega}{\partial k\partial j}\dfrac{\omega_i}{\omega}\quad(i\neq k,i=j) \\ \dfrac{\partial g_i}{\partial k\partial j}=\dfrac{\partial^2 g_r}{\partial k\partial j}\dfrac{i+R_{0i}}{r}+\dfrac{\partial g_r}{\partial k}\dfrac{-(i+R_{0i})(j+R_{0j})}{r^3}-\dfrac{\partial g_r}{\partial j}\dfrac{(i+R_{0i})(k+R_{0k})}{r^3}- \\ \qquad g_r\dfrac{(i+R_{0i})r^2-3(i+R_{0i})(j+R_{0j})(k+R_{0k})}{r^5}+\dfrac{\partial^2 g_\omega}{\partial k\partial j}\dfrac{\omega_i}{\omega}\quad(i\neq k,j=k) \\ \dfrac{\partial g_i}{\partial k\partial j}=\dfrac{\partial^2 g_r}{\partial k\partial j}\dfrac{i+R_{0i}}{r}+\dfrac{\partial g_r}{\partial k}\dfrac{-(i+R_{0i})(j+R_{0j})}{r^3}-\dfrac{\partial g_r}{\partial j}\dfrac{(i+R_{0i})(k+R_{0k})}{r^3}- \\ \qquad g_r\dfrac{-3(i+R_{0i})(j+R_{0j})(k+R_{0k})}{r^5}+\dfrac{\partial^2 g_\omega}{\partial k\partial j}\dfrac{\omega_i}{\omega}\quad(i\neq k,i\neq j,j\neq k) \\ \dfrac{\partial g_i}{\partial k\partial j}=\dfrac{\partial^2 g_r}{\partial k\partial j}\dfrac{i+R_{0i}}{r}+\dfrac{\partial g_r}{\partial k}\dfrac{r^2-(i+R_{0i})(j+R_{0j})}{r^3}+\dfrac{\partial g_r}{\partial j}\dfrac{r^2-(i+R_{0i})(k+R_{0k})}{r^3}+ \\ \qquad g_r\dfrac{-3(j+R_{0j})r^2+3(i+R_{0i})(k+R_{0k})(j+R_{0j})}{r^5}+\dfrac{\partial^2 g_\omega}{\partial k\partial j}\dfrac{\omega_i}{\omega}\quad(i=k,i=j) \\ \dfrac{\partial g_i}{\partial k\partial j}=\dfrac{\partial^2 g_r}{\partial k\partial j}\dfrac{i+R_{0i}}{r}+\dfrac{\partial g_r}{\partial k}\dfrac{-(i+R_{0i})(j+R_{0j})}{r^3}+\dfrac{\partial g_r}{\partial j}\dfrac{r^2-(i+R_{0i})(k+R_{0k})}{r^3}+ \\ \qquad g_r\dfrac{-(j+R_{0j})r^2+3(i+R_{0i})(k+R_{0k})(j+R_{0j})}{r^5}+\dfrac{\partial^2 g_\omega}{\partial k\partial j}\dfrac{\omega_i}{\omega}\quad(i=k,i\neq j)\end{cases}$$

以上各式中：$i=x,y,z$；$j=x,y,z$；$k=x,y,z$。

矩阵 $[\boldsymbol{G}_{ijk}(Q')]$ 在地球为圆球近似下可求得各元素为

$$\begin{cases}G_{111}=-\mu\dfrac{15x^3-9xr^2}{r^7} \\ G_{112}=-\mu\dfrac{15x^2(y+R)-3(y+R)r^2}{r^7} \\ G_{113}=-\mu\dfrac{15x^2z-3zr^2}{r^7} \\ G_{121}=-\mu\dfrac{15x^2(R+y)-3(R+y)r^2}{r^7}\end{cases}$$

$$\begin{cases}
G_{122} = -\mu\,\dfrac{15x(R+y)^2 - 3xr^2}{r^7} \\[4mm]
G_{123} = -\mu\,\dfrac{15x(R+y)z}{r^7} \\[4mm]
G_{131} = -\mu\,\dfrac{15x^2 z - 3zr^2}{r^7} \\[4mm]
G_{132} = -\mu\,\dfrac{15x(R+y)z}{r^7} \\[4mm]
G_{133} = \quad\mu\,\dfrac{15xz^2 - 3xr^2}{r^7} \\[4mm]
G_{221} = -\mu\,\dfrac{15x(R+y)^2 - 3xr^2}{r^7} \\[4mm]
G_{222} = -\mu\,\dfrac{15(R+y)^3 - 9(R+y)r^2}{r^7} \\[4mm]
G_{223} = -\mu\,\dfrac{15z(R+y)^2 - 3zr^2}{r^7} \\[4mm]
G_{231} = -\mu\,\dfrac{15x(R+y)z}{r^7} \\[4mm]
G_{232} = -\mu\,\dfrac{15z(R+y)^2 - 3zr^2}{r^7} \\[4mm]
G_{233} = -\mu\,\dfrac{15(R+y)z^2 - 3(R+y)r^2}{r^7} \\[4mm]
G_{331} = -\mu\,\dfrac{15xz^2 - 3xr^2}{r^7} \\[4mm]
G_{332} = -\mu\,\dfrac{15(R+y)z^2 - 3(R+y)r^2}{r^7} \\[4mm]
G_{333} = -\mu\,\dfrac{15z^3 - 9zr^2}{r^7} \\[4mm]
G_{211} = G_{121} \\[2mm]
G_{212} = G_{122} \\[2mm]
G_{213} = G_{123} \\[2mm]
G_{311} = G_{131} \\[2mm]
G_{312} = G_{132} \\[2mm]
G_{313} = G_{133} \\[2mm]
G_{321} = G_{231} \\[2mm]
G_{322} = G_{232} \\[2mm]
G_{323} = G_{233}
\end{cases}$$

将地球按圆球近似，求 $[\boldsymbol{G}_{ijk}(\boldsymbol{Q}')]$ 的误差不超过 $1.5\times10^{-15}\,\mathrm{m}^{-1}\cdot\mathrm{s}^{-2}$，其量级对重力梯度的计算不会产生大的影响，实际计算时，$[\boldsymbol{G}_{ijk}(\boldsymbol{Q}')]$ 按地球圆球近似求取，以减小计算量。

7.3.3　基于动基座重力梯度仪的飞行状态滤波估计方案

基于动基座重力梯度仪 MGG 的导弹主动段飞行状态估计采用卡尔曼滤波来实现。下面给出 INS/MGG 组合导航系统误差状态方程、测量方程以及卡尔曼滤波算法。

7.3.3.1　误差状态方程

平台惯导系统误差状态方程为

$$\dot{\boldsymbol{X}}_{\rm INS}=\boldsymbol{F}_{\rm INS}\boldsymbol{X}_{\rm INS}+\boldsymbol{G}_{\rm INS}\boldsymbol{W}_{\rm INS}$$

误差状态向量为

$$\begin{aligned}\boldsymbol{X}_{\rm INS}=[&\delta x\quad \delta y\quad \delta z\quad \delta v_x\quad \delta v_y\quad \delta v_z\quad \alpha_{xp}\quad \alpha_{yp}\quad \alpha_{zp}\quad D_{01}\\ &D_{11}\quad D_{21}\quad D_{31}\quad D_{02}\quad D_{12}\quad D_{22}\quad D_{32}\quad D_{03}\quad D_{13}\quad D_{23}\quad D_{33}]^{\rm T}\end{aligned}$$

系统噪声向量为

$$\boldsymbol{W}_{\rm INS}=[w_{D01}\quad w_{D11}\quad w_{D21}\quad w_{D31}\quad w_{D02}\quad w_{D12}\quad w_{D22}\quad w_{D32}\quad w_{D03}\quad w_{D13}\quad w_{D23}\quad w_{D33}]^{\rm T}$$

状态转换矩阵 $\boldsymbol{F}_{\rm INS}$ 的非零元素为

$$\begin{aligned}&F(1,4)=1,F(2,5)=1,F(3,6)=1\\&F(4,1)=G_{11}+T_{11},F(4,2)=G_{12}+T_{12},F(4,3)=G_{13}+T_{13}\\&F(4,8)=\dot{W}_z,F(4,9)=-\dot{W}_y\\&F(5,1)=G_{21}+T_{21},F(5,2)=G_{22}+T_{22},F(5,3)=G_{23}+T_{23}\\&F(5,7)=-\dot{W}_z,F(5,9)=\dot{W}_x\\&F(6,1)=G_{31}+T_{31},F(6,2)=G_{32}+T_{32},F(6,3)=G_{33}+T_{33}\\&F(6,7)=\dot{W}_y,F(6,8)=-\dot{W}_x\\&F(7,10)=1,F(7,11)=\dot{W}_x,F(7,12)=\dot{W}_z,F(7,13)=\dot{W}_x\dot{W}_z\\&F(8,14)=1,F(8,15)=\dot{W}_y,F(8,16)=\dot{W}_z,F(8,17)=\dot{W}_y\dot{W}_z\\&F(9,18)=1,F(9,19)=\dot{W}_z,F(9,20)=\dot{W}_y,F(9,21)=\dot{W}_y\dot{W}_z\end{aligned}$$

系统噪声驱动阵为

$$\boldsymbol{G}_{\rm INS}=\begin{bmatrix}\boldsymbol{0}_{9\times 9}\\ \boldsymbol{I}_{12\times 12}\end{bmatrix}$$

7.3.3.2　测量方程

由式(7-28)可得量测方程为

$$\boldsymbol{Z}=\boldsymbol{H}\boldsymbol{X}_{\rm INS}+\boldsymbol{W}$$

$$\boldsymbol{Z}=\begin{bmatrix}V_{11}(Q)-G_{11}(Q')-T_{11}(Q')\\V_{12}(Q)-G_{12}(Q')-T_{12}(Q')\\V_{13}(Q)-G_{13}(Q')-T_{13}(Q')\\V_{21}(Q)-G_{21}(Q')-T_{21}(Q')\\V_{22}(Q)-G_{22}(Q')-T_{22}(Q')\\V_{23}(Q)-G_{23}(Q')-T_{23}(Q')\\V_{31}(Q)-G_{31}(Q')-T_{31}(Q')\\V_{32}(Q)-G_{32}(Q')-T_{32}(Q')\\V_{33}(Q)-G_{33}(Q')-T_{33}(Q')\end{bmatrix}$$

矩阵 $\boldsymbol{H}$ 中的非零元素为

$H(1,1)=-G_{111}$，　　$H(1,2)=-G_{112}$

$H(1,3)=-G_{113}$，　　$H(1,8)=-2(G_{13}+T_{13})$

$H(1,9)=2(G_{12}+T_{12})$，　　$H(2,1)=-G_{121}$

$H(2,2)=-G_{122}$，　　$H(2,3)=-G_{123}$

$H(2,7)=(G_{13}+T_{13})$，　　$H(2,8)=-(G_{32}+T_{32})$

$H(2,9)=(G_{22}+T_{22})-(G_{11}+T_{11})$，　　$H(3,1)=-G_{131}$

$H(3,2)=-G_{132}$，　　$H(3,3)=-G_{133}$

$H(3,7)=-(G_{12}+T_{12})$，　　$H(3,8)=(G_{11}+T_{11})\quad(G_{33}+T_{33})$

$H(3,9)=(G_{23}+T_{23})$，　　$H(4,1)=-G_{211}$

$H(4,2)=-G_{212}$，　　$H(4,3)=-G_{213}$

$H(4,7)=(G_{31}+T_{31})$，　　$H(4,8)=-(G_{23}+T_{23})$

$H(4,9)=(G_{22}+T_{22})-(G_{11}+T_{11})$，　　$H(5,1)=-G_{221}$

$H(5,2)=-G_{222}$，　　$H(5,3)=-G_{223}$

$H(5,7)=2(G_{33}+T_{22})$，　　$H(5,9)=-2(G_{12}+T_{12})$

$H(6,1)=-G_{231}$，　　$H(6,2)=-G_{232}$

$H(6,3)=-G_{233}$，　　$H(6,7)=(G_{33}+T_{33})-(G_{22}+T_{22})$

$H(6,8)=(G_{21}+T_{21})$，　　$H(6,9)=-(G_{13}+T_{13})$

$H(7,1)=-G_{311}$，　　$H(7,2)=-G_{312}$

$H(7,3)=-G_{313}$，　　$H(7,7)=-(G_{21}+T_{21})$

$H(7,8)=(G_{11}+T_{11})-(G_{33}+T_{33})$，　　$H(7,9)=(G_{32}+T_{32})$

$H(8,1)=-G_{321}$，　　$H(8,2)=-G_{322}$

$H(8,3)=-G_{323}$，　　$H(8,7)=(G_{33}+T_{33})-(G_{22}+T_{22})$

$H(8,8)=(G_{12}+T_{12})$，　　$H(8,9)=-(G_{31}+T_{31})$

$H(9,1)=-G_{331}$，　　$H(9,2)=-G_{332}$

$H(9,3)=-G_{333}$，　　$H(9,7)=-2(G_{23}+T_{23})$

$H(9,8)=2(G_{13}+T_{13})$

噪声向量为

$$\boldsymbol{W}=[w_1\quad w_2\quad w_3\quad w_4\quad w_5\quad w_6\quad w_7\quad w_8\quad w_9]$$

7.3.3.3　INS/MGG 系统离散化

离散系统的卡尔曼滤波方程的最大特点是方程的递推特性，它便于在计算机上实现。但 INS/MGG 系统为连续系统，这样就必须先对系统进行离散化处理，然后在计算机中进行滤波计算。用以下方法对系统状态方程和量测方程进行离散化。

设系统的计算周期为 T，如果 T 远小于系统矩阵 $\boldsymbol{F}_{\mathrm{INS}}(t)$ 发生明显变化所需的时间，则可得到转移矩阵为

$$\boldsymbol{\Phi}_{k,k-1}=\sum_{n=0}^{\infty}\frac{T^n}{n!}\boldsymbol{F}_{\mathrm{INS}}^{n}(t_k)$$

在计算程序中可采取自动判别方法来确定计算的项数，例如当第 $i+1$ 项的值与前 i 项累加值的比小于某个设定值时，停止计算。

噪声驱动阵可表示为

$$\boldsymbol{\Gamma}(k,k-1)=\int_{t_{t-T}}^{t_t}\boldsymbol{\Phi}(t_k,\tau)\boldsymbol{G}_{\mathrm{INS}}(\tau)\mathrm{d}\tau$$

设连续系统白噪声 $\boldsymbol{W}_{\mathrm{INS}}(t)$ 的协方差为 $\boldsymbol{q}(t)$，则离散化的等效白噪声协方差为

$$\boldsymbol{Q}_k=\frac{\boldsymbol{q}(t_k)}{T}$$

则系统可近似描述为

$$\begin{cases}\boldsymbol{X}_k=\boldsymbol{\Phi}_{k,k-1}\boldsymbol{X}_{k-1}+\boldsymbol{\Gamma}(k,k-1)\boldsymbol{w}_{k-1}\\ \boldsymbol{Z}_k=\boldsymbol{H}_k\boldsymbol{X}_k+\boldsymbol{V}_k\end{cases}$$

式中：$\boldsymbol{X}_k$ 为 INS 第 k 步的误差状态向量；$\boldsymbol{Z}_k$ 为 INS 第 k 步的重力梯度量测向量；$\boldsymbol{V}_k$ 为 INS 第 k 步的重力梯度量测噪声。

7.3.3.4 INS/MGG 卡尔曼滤波算法

INS/MGG 卡尔曼滤波算法如下：

状态一步预测：

$$\hat{\boldsymbol{X}}_{k/k-1}=\boldsymbol{\Phi}_{k,k-1}\hat{\boldsymbol{X}}_{k-1}$$

状态估计：

$$\hat{\boldsymbol{X}}_k=\hat{\boldsymbol{X}}_{k/k-1}+\boldsymbol{K}_k(\boldsymbol{Z}_k-\boldsymbol{H}_k\hat{\boldsymbol{X}}_{k/k-1})$$

滤波增益：

$$\boldsymbol{K}_k=\boldsymbol{P}_{k/k-1}\boldsymbol{H}_k^{\mathrm{T}}(\boldsymbol{H}_k\boldsymbol{P}_{k/k-1}\boldsymbol{H}_k^{\mathrm{T}}+\boldsymbol{R}_k)^{-1}$$

式中：$\boldsymbol{R}_k$ 为测量噪声矩阵。

一步预测均方误差：

$$\boldsymbol{P}_{k/k-1}=\boldsymbol{\Phi}_{k,k-1}\boldsymbol{P}_{k-1}\boldsymbol{\Phi}_{k,k-1}^{\mathrm{T}}+\boldsymbol{\Gamma}_{k,k-1}\boldsymbol{Q}_{k-1}\boldsymbol{\Gamma}_{k,k-1}^{\mathrm{T}}$$

估计均方误差：

$$\boldsymbol{P}_k=(\boldsymbol{I}-\boldsymbol{K}_k\boldsymbol{H}_k)\boldsymbol{P}_{k/k-1}(\boldsymbol{I}-\boldsymbol{K}_k\boldsymbol{H}_k)^{\mathrm{T}}+\boldsymbol{K}_k\boldsymbol{R}_k\boldsymbol{K}^{\mathrm{T}}k$$

7.3.3.5 弹上卡尔曼滤波算法的实现技术

INS/MGG 的卡尔曼滤波算法计算量是非常大的，以目前弹载计算机的计算性能，在弹上是不可能实时完成计算的。通过对卡尔曼滤波算法仿真分析，得到了卡尔曼滤波算法的一系列特性：

(1)卡尔曼滤波算法随着时间的延续，对状态的估计精度越来越高。

(2)卡尔曼滤波算法对状态的估计误差随时间的延续逐渐减小，且越来越平滑。

(3)卡尔曼滤波算法递推步长越大，其离散化精度越差，还有可能使滤波算法发散，应当合理选择步长。针对卡尔曼滤波算法的上述特性，为了解决弹上卡尔曼滤波算法的计算问题，设计了一种弹上卡尔曼滤波近似校正算法。其算法思路如下。

设弹上导航计算的周期为 T_{INS}，卡尔曼滤波算法的递推周期也为 T_{INS}，设每步卡尔曼滤波算法的弹上计算时间为 $T_N=nT_{\mathrm{INS}}$，n 为正整数。设滤波算法开始时刻为 t_0，在 $t_1=t_0+T_N$ 时刻，卡尔曼滤波算法输出 $t'_1=t_0+T_{\mathrm{INS}}$ 时刻的滤波估计值 $\hat{\boldsymbol{X}}_{t_1}{}'$ 和 $\boldsymbol{P}_{t'_1}$，此时由弹上惯导系统可求得 $\Delta T=T_N-T_{\mathrm{INS}}$ 内位置和速度的增量，记为 $\Delta\boldsymbol{Z}$，用 $\Delta\boldsymbol{Z}$ 加上位置和速度的滤波估计值

$\dot{\boldsymbol{Z}}_{t'_1}$，这样得到新的状态估计值 $\hat{\boldsymbol{X}}'_{t'_1}$，用 $\hat{\boldsymbol{X}}'_{t'_1}$ 和 $\boldsymbol{P}_{t'_1}$ 作为当前 t_1 时刻的估计值，直接校正当前状态。之后卡尔曼滤波从当前状态开始，按此法递推下去，每隔 T_N 校正一次，即可实现弹上卡尔曼滤波算法。弹上卡尔曼滤波流程如图 7－5 所示。

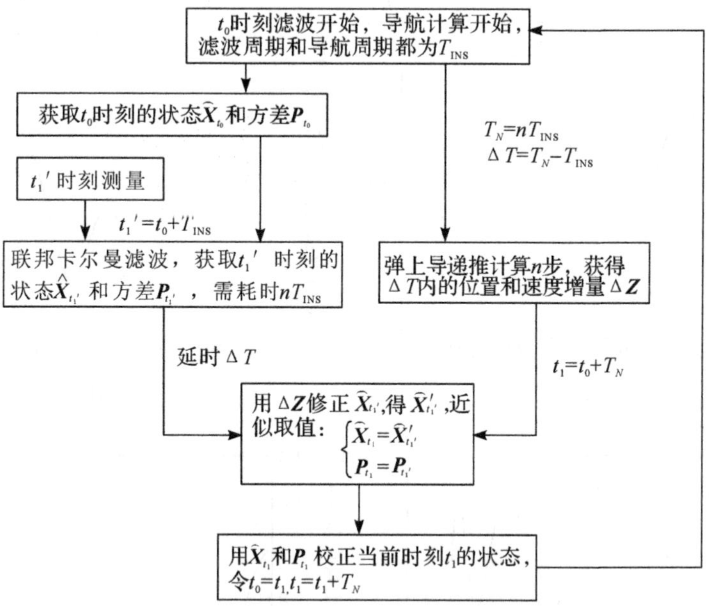

图 7－5 弹上卡尔曼滤波流程

7.3.4 扰动引力及其梯度的快速计算

7.3.4.1 扰动引力及其梯度的快速计算方法

基于动基座重力梯度仪的导弹主动段飞行状态滤波估计方法需要计算导弹当前位置的扰动引力和扰动引力梯度。扰动引力及其梯度的计算是指弹上导航计算获得的当前位置处扰动引力及其梯度的计算，计算的并不是导弹当前实际位置处的扰动引力及其梯度，因为实际位置是无法得知的，是要估计的量。前面已经述及扰动引力的模型计算方法，扰动引力梯度的模型计算方法可通过对扰动位按式(5－13)求导计算获得，扰动引力及其梯度的计算量是很大的，在目前的弹载计算环境上是无法实现的，必须采用快速逼近计算方法。

对于扰动引力的快速计算，可以采用第 4 章阐述的各种逼近方法来计算，或者弹上导航计算直接利用重力梯度仪的测量信息，积分获得导弹当前位置的引力加速度。扰动引力梯度张量阵是对称的，只要计算其中的 6 个张量。对于扰动引力梯度的快速计算，宜采用 BP 神经网络逼近来实现。因扰动引力梯度的量级为 $10^{-9}\mathrm{s}^{-2}$(1 E)，是非常小的，可采用与扰动引力神经网络逼近同样的网络结构对其进行逼近。输入仍是经、纬度和高程 3 个量，将其规范化到 0～1 之间。输出为扰动引力梯度张量，共需 6 套神经网络。因扰动引力梯度太小，将其扩大 10^7 倍，与扰动引力同量级。

7.3.4.2 仿真算例

采用与 4.2.4 节同样的弹道仿真条件对扰动引力梯度的神经网络逼近效果进仿真验证。

采集 5 条弹道主动段的扰动引力梯度作为训练数据，共 1 245 组。逼近精度选为 10^{-3} E。通过计算可知，对每套神经网络的训练时间不超过 1 min。对于标准弹道的逼近效果如图 7-6 所示。

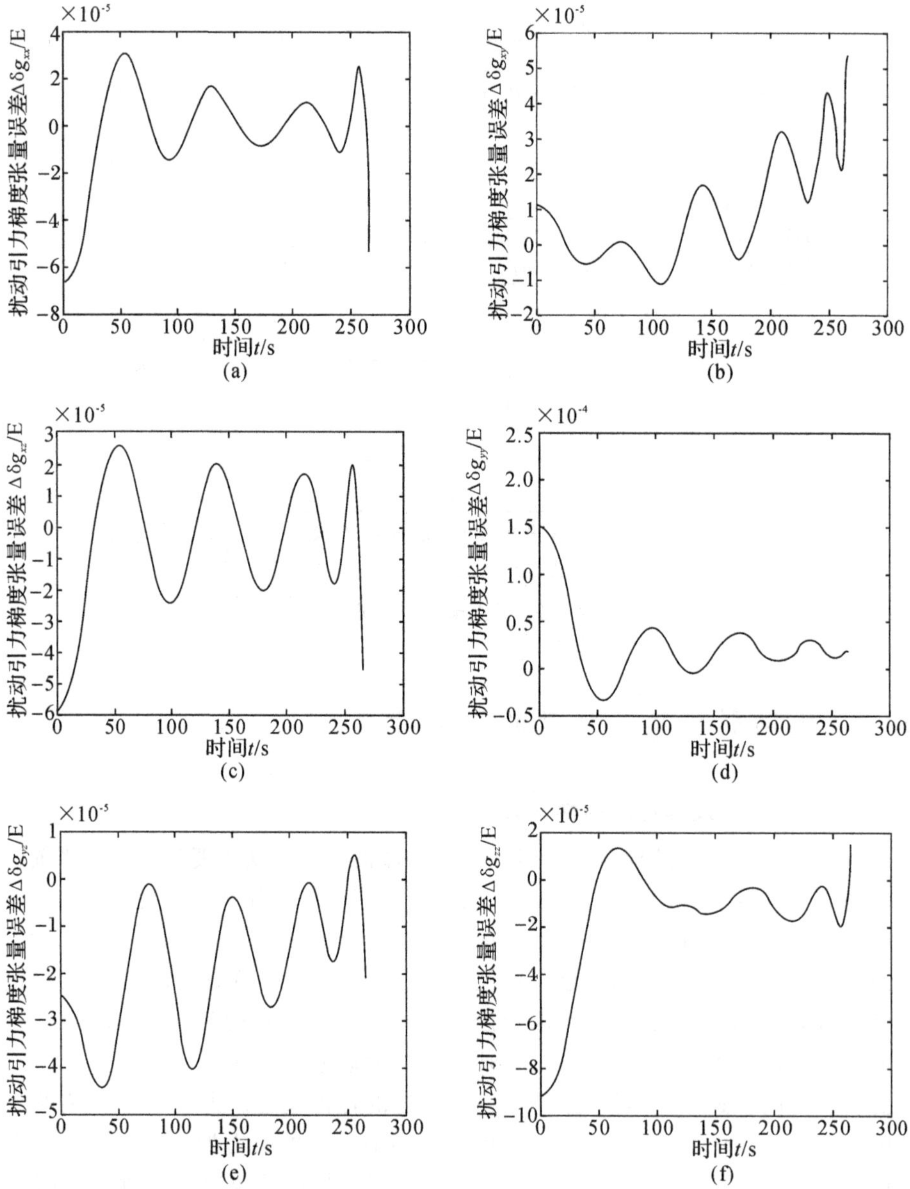

图 7-6　标准弹道扰动引力梯度的逼近效果

主动段的扰动引力梯度神经网络逼近主要是看足够大的干扰情况下的逼近效果，取干扰加入标准弹道产生的落点偏差为：纵向偏差−3 977.143 m，横向偏差−9 344.212 m。干扰弹道上的逼近效果如图 7-7 所示。

由图 7-7 可知，导弹主动段扰动引力梯度的逼近精度可达到 10^{-2} E 内。要达到更高的精度，则须增加网络训练数据及训练精度。

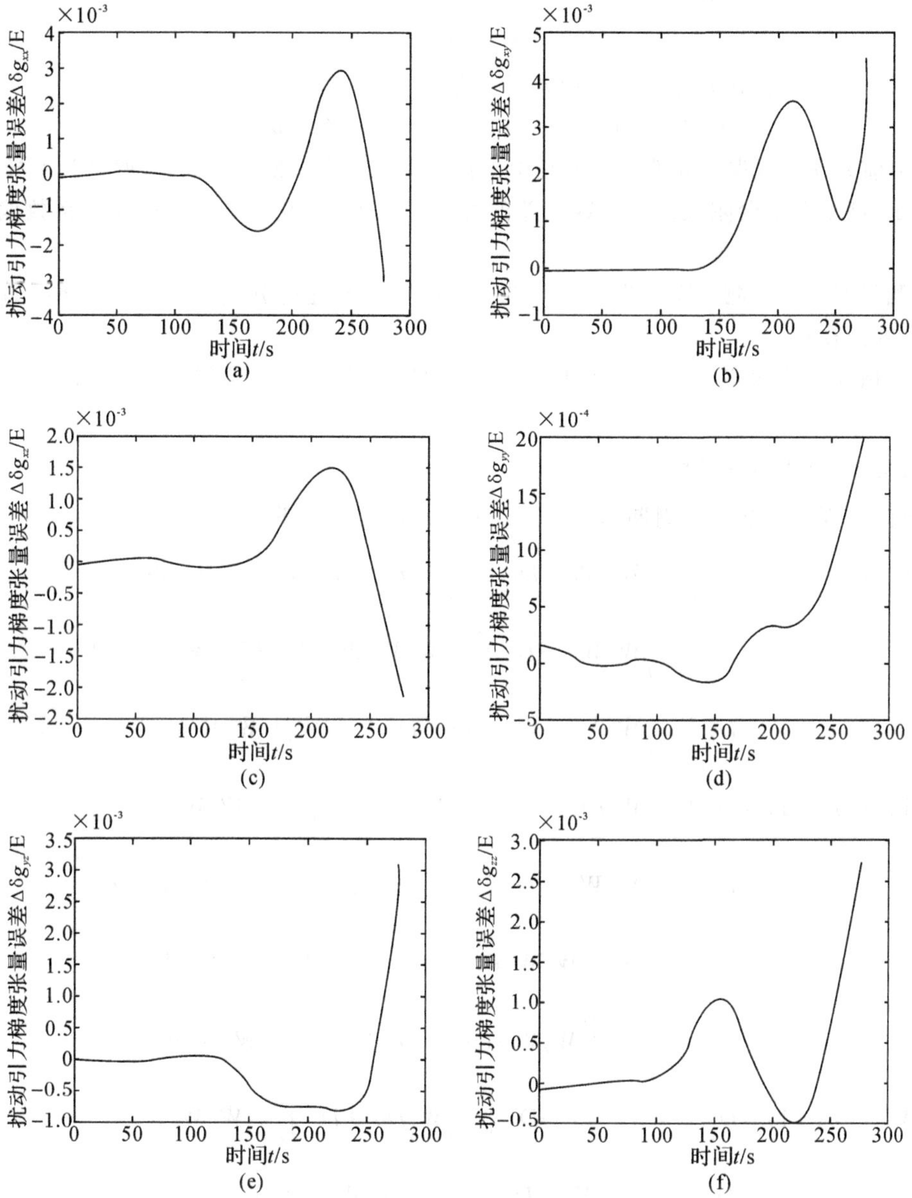

图 7-7　干扰弹道扰动引力梯度的逼近效果

7.3.5　仿真分析

7.3.5.1　仿真条件

选择一条射程约为 7 300 km 的弹道导弹，对其主动段的飞行状态进行估计。主动段扰动引力和扰动引力梯度采用球谐函数模型 GEM94 求取。

(1)误差状态向量初始化。滤波计算从起飞时刻开始,设位置误差和速度误差状态变量为零,平台误差系数偏差也为零,即

$$\boldsymbol{X}_0=\boldsymbol{0}_{22\times 1}$$

(2)估计均方误差初始化。估计均方误差为

$$E[\boldsymbol{X}_0]=\boldsymbol{\mu}_0;\boldsymbol{P}_0=E\{[\boldsymbol{X}_0-\boldsymbol{\mu}_0][\boldsymbol{X}_0-\boldsymbol{\mu}_0]^{\mathrm{T}}\}$$

$\boldsymbol{\mu}_0$ 中前 9 项位置误差和速度误差是由平台测量误差系数偏差造成的,通过弹上导航计算解得,后 12 项根据平台陀螺误差系数偏差的可能分布确定,设为平台陀螺误差系数偏差的 1 倍标准差。

(3)测量噪声。设测量噪声为 0.1 E,当前实际位置的扰动引力梯度由标准弹道的扰动引力梯度加噪声模拟。

(4)离散化。将状态方程以周期 $T=0.05$ s,按泰勒级数一次项展开进行离散化。

7.3.5.2 弹上解算模拟

平台陀螺误差引起每个周期内视速度误差的求取方法如下:

$$\begin{cases}\delta W_x(k,k-1)=D_{03}\int_{t_k-T}^{t_k}\dot{W}_y t\,\mathrm{d}t-D_{02}\int_{t_k-T}^{t_k}\dot{W}_z t\,\mathrm{d}t+D_{13}\int_{t_k-T}^{t_k}\dot{W}_y W_z\,\mathrm{d}t+\\ \qquad D_{23}\int_{t_k-T}^{t_k}\dot{W}_y W_y-D_{12}\int_{t_k-T}^{t_k}\dot{W}_z W_y\,\mathrm{d}t-D_{22}\int_{t_k-T}^{t_k}\dot{W}_z W_z\,\mathrm{d}t+\\ \qquad D_{33}\int_{t_k-T}^{t_k}\dot{W}_y\int_0^t \dot{W}_z\dot{W}_y\,\mathrm{d}\tau\,\mathrm{d}t-D_{32}\int_{t_k-T}^{t_k}\dot{W}_z\int_0^t \dot{W}_y\dot{W}_z\,\mathrm{d}\tau\,\mathrm{d}t\\ \delta W_y(k,k-1)=D_{01}\int_{t_k-T}^{t_k}\dot{W}_z t\,\mathrm{d}t-D_{03}\int_{t_k-T}^{t_k}\dot{W}_x t\,\mathrm{d}t+D_{11}\int_{t_k-T}^{t_k}\dot{W}_z W_x\,\mathrm{d}t+\\ \qquad D_{21}\int_{t_k-T}^{t_k}\dot{W}_z W_z-D_{13}\int_{t_k-T}^{t_k}\dot{W}_x W_z\,\mathrm{d}t-D_{23}\int_{t_k-T}^{t_k}\dot{W}_x W_y\,\mathrm{d}t+\\ \qquad D_{31}\int_{t_k-T}^{t_k}\dot{W}_z\int_0^t \dot{W}_x\dot{W}_z\,\mathrm{d}\tau\,\mathrm{d}t-D_{33}\int_{t_k-T}^{t_k}\dot{W}_x\int_0^t \dot{W}_z\dot{W}_y\,\mathrm{d}\tau\,\mathrm{d}t\\ \qquad D_{33}\int_{t_k-T}^{t_k}\dot{W}_y\int_0^t \dot{W}_z\dot{W}_y\,\mathrm{d}\tau\,\mathrm{d}t-D_{32}\int_{t_k-T}^{t_k}\dot{W}_z\int_0^t \dot{W}_y\dot{W}_z\,\mathrm{d}\tau\,\mathrm{d}t\\ \delta W_z(k,k-1)=D_{02}\int_{t_k-T}^{t_k}\dot{W}_x t\,\mathrm{d}t-D_{01}\int_{t_k-T}^{t_k}\dot{W}_y t\,\mathrm{d}t+D_{12}\int_{t_k-T}^{t_k}\dot{W}_x W_y\,\mathrm{d}t+\\ \qquad D_{22}\int_{t_k-T}^{t_k}\dot{W}_x W_z-D_{11}\int_{t_k-T}^{t_k}\dot{W}_y W_x\,\mathrm{d}t-D_{21}\int_{t_k-T}^{t_k}\dot{W}_y W_z\,\mathrm{d}t+\\ \qquad D_{32}\int_{t_k-T}^{t_k}\dot{W}_x\int_0^t \dot{W}_y\dot{W}_z\,\mathrm{d}\tau\,\mathrm{d}t-D_{31}\int_{t_k-T}^{t_k}\dot{W}_y\int_0^t \dot{W}_x\dot{W}_z\,\mathrm{d}\tau\,\mathrm{d}t\end{cases}$$

将视速度误差代入导航方程式(6-1)和式(6-2)模拟弹上位置和速度的解算。产生的位置和速度误差如图 7-8 所示。

重力观测方程式(7-28)忽略了扰动引力的三阶导数项和引力三阶以上的导数项,同时考虑正常引力三阶导数地球球近似求法,在上面的仿真条件下,引起的重力梯度张量误差如图 7-9 所示,可知不超过 10^{-3} E。当位置偏差增大时,引力梯度张量误差会相应地增大,目前导弹主动段工具误差引起的位置偏差导致的引力梯度张量误差不会超过 0.1 E。

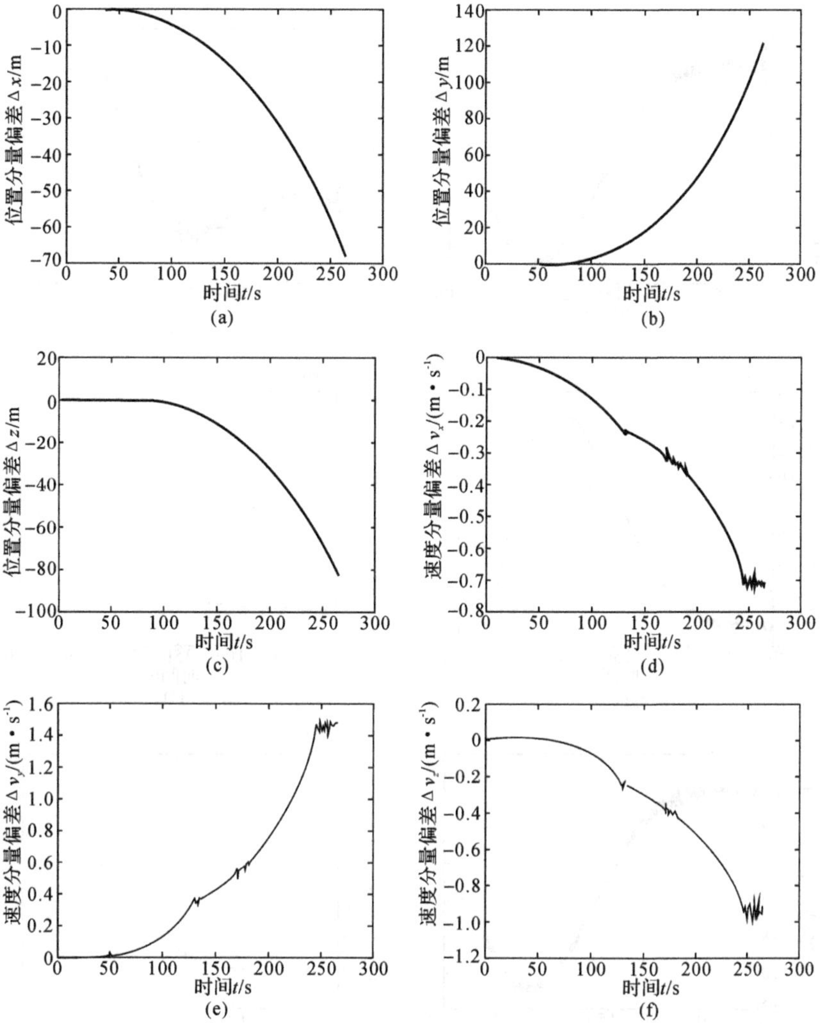

图 7－8　由平台系数误差引起的速度和位置误差

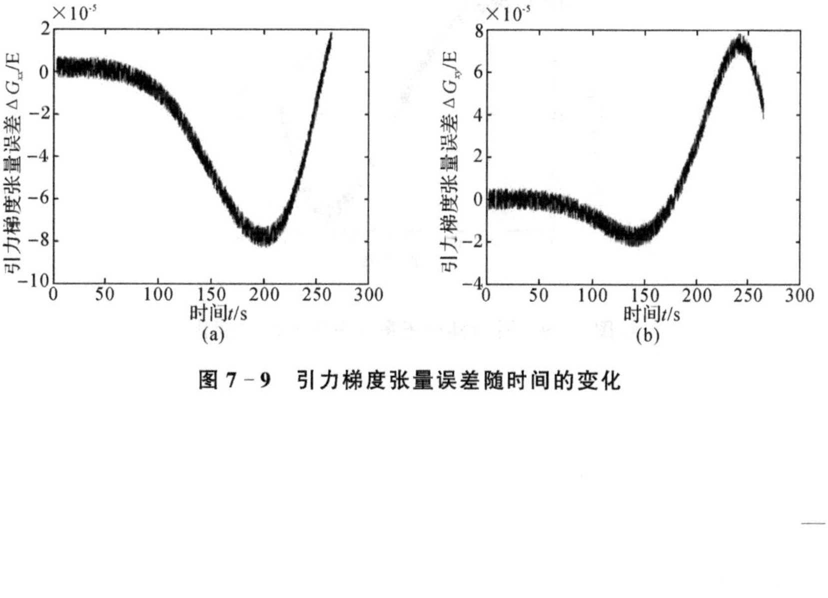

图 7－9　引力梯度张量误差随时间的变化

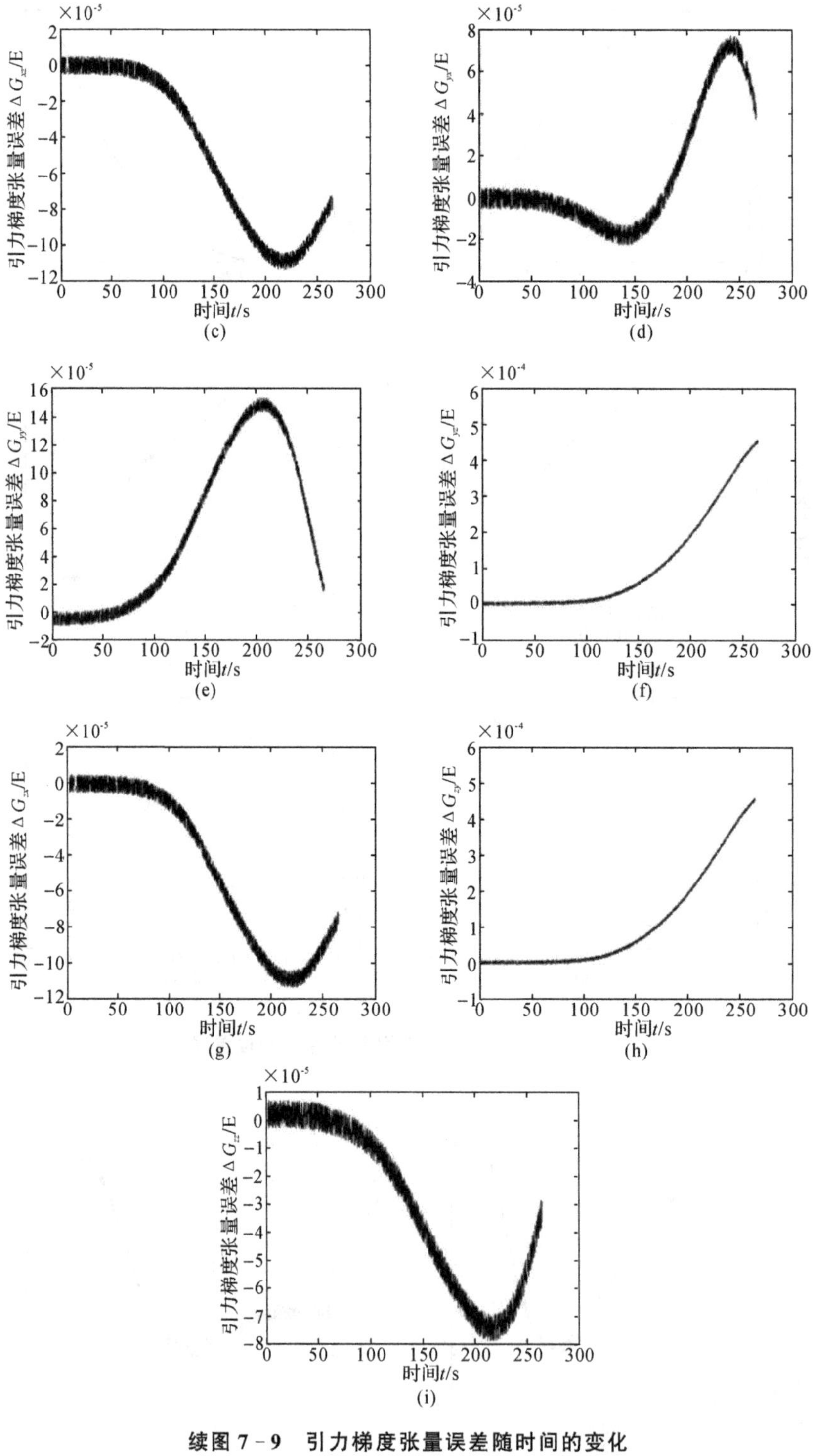

续图 7-9 引力梯度张量误差随时间的变化

7.3.5.3　仿真结果

卡尔曼滤波结果如图 7－10 所示。

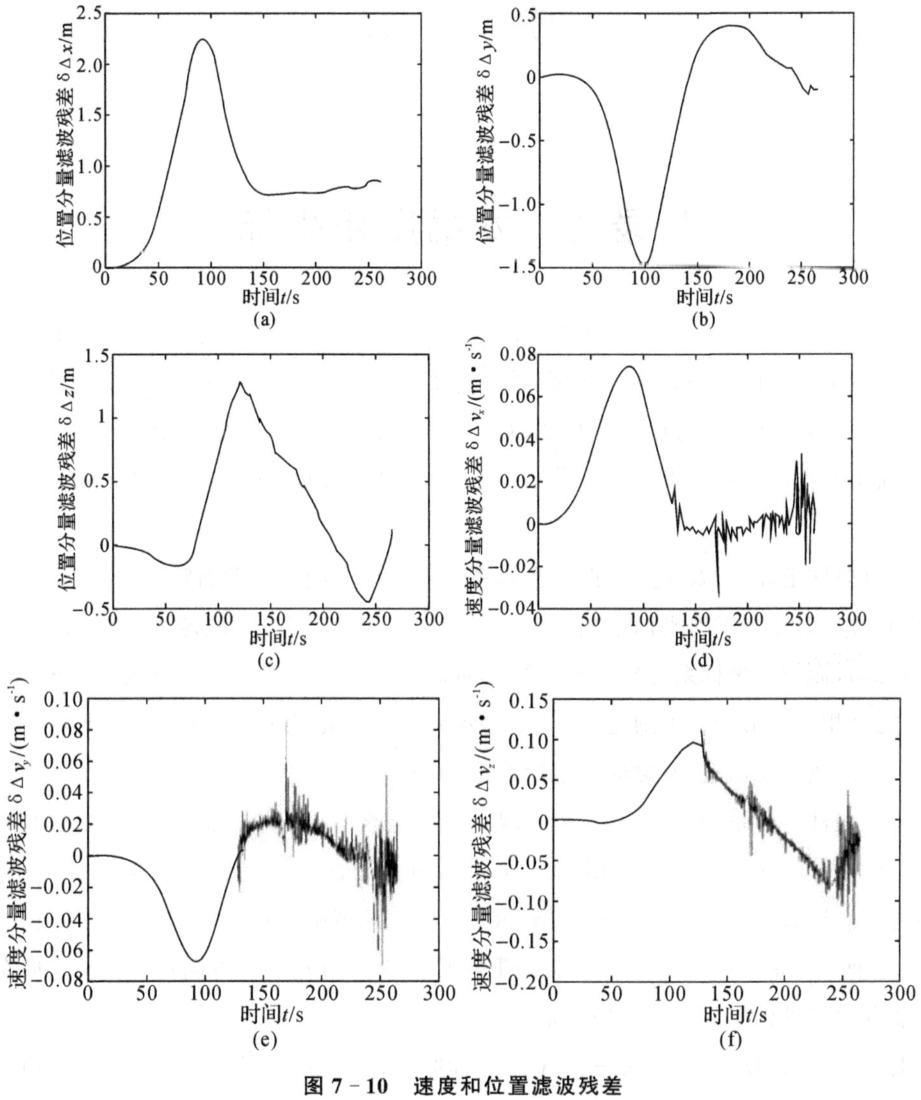

图 7－10　速度和位置滤波残差

由图 7－10 可知，对位置和速度的滤波结果基本是令人满意的，出现的振荡是因滤波方程线性化处理造成的，若采用非线性卡尔曼滤波方法，将会得到更好的滤波效果。由此证明：基于动基座重力梯度仪的导弹主动段飞行状态估计是可行的，可消除陀螺误差影响。

附　　录

附录 A　本书所用坐标

(1)发射坐标系 $Oxyz$：坐标原点为发射点 O；Oy 轴取过发射点的铅垂线，向上为正，其延长线与地球赤道平面的夹角为 B_T，称为天文纬度，Oy 轴所在的天文子午面与起始天文子午面之间的二面角 λ_T 称为发射点天文经度；Ox 轴与 Oy 轴垂直，且指向瞄准方向，它与发射点天文子午面正北方向构成的夹角 A_T 称为天文瞄准方位角；Oz 轴与 Ox 轴、Oy 轴构成右手直角坐标系。

(2)发射惯性坐标系 $Ox_ay_az_a$：惯性坐标系是以惯性空间为参考而定义的坐标系。该坐标系在导弹起飞瞬时是与发射坐标系相重合的。导弹起飞后，固连于地球上的发射坐标系随地球旋转而转动，而惯性坐标系之坐标轴始终指向惯性空间的固定方向。它的定义与发射坐标系的定义完全相同。书中为了阐述方便，发射惯性坐标系记为 $Oxyz$；在用到发射坐标系时，为了区分两者，按定义标记，发射惯性坐标系记为 $Ox_ay_az_a$。

(3)赤道惯性坐标系 $O_ex_ey_ez_e$：坐标原点 O_e 在地球中心；O_ex_e 轴沿地球赤道面和黄道面的交线，指向春分点 γ；O_ez_e 轴指向北极；O_ey_e 轴在赤道面上垂直于 O_ex_e 轴。

(4)地心大地直角坐标系 $O_ex_sy_sz_s$：坐标原点位于地球中心 O_e；O_ez_s 轴沿地球自转轴指向北极；O_ex_s 轴为起始天文子午面与地球赤道平面之交线，且指向外方向；O_ey_s 轴指向东方，且与 O_ez_s 轴、O_ex_s 轴构成右手直角坐标系。

(5)北东坐标系 $Anre$：取空间一点 A 为坐标原点；选过 A 点的地心矢径 $\boldsymbol{r}$ 为 r 轴；n 轴位于过 A 点的子午面内，垂直于 r 轴，且指向北方；e 轴与 n 轴、r 轴构成右手直角坐标系。

(6)局部笛卡儿坐标系 $An^*r^*e^*$：原点在所考虑的计算点 A，r^* 轴沿计算点的垂线方向，朝地球外为正，n^* 轴与 r^* 轴垂直，且指向正北，e^* 与 n^* 轴、r 轴构成右手直角坐标系。

(7)大地坐标系 (B,L,H_d)：空间点 P 的大地子午面与起始大地子午面所构成的二面角 L 叫 P 点的大地经度，由起始大地子午面起算，向东为正，向西为负。过 P 点的球法线与赤道面的夹角 B 叫 P 点的大地纬度，由赤道面起算，向北为正，向南为负。P 点沿法线到面间的距离叫大地高，从球面起算，向外为正，向内为负。

(8)轨道坐标系 $UXYZ$：坐标原点 U 在入轨点，UZ 轴为轨道动量矩方向，UX 为入轨点的矢径方向，UY 与 UX、UZ 成右手直角坐标系。

附录B 理论闭合差的严密确定方法

1. 涉及的坐标系

(1)地心大地直角坐标系 (X_s, Y_s, Z_s)：原点在地球质心，Z_s 轴平行于地球自转轴，朝北为正，X_s 轴平行于格林尼治子午面与 Z_s 轴垂直，Y_s 轴与 X_s 轴、Z_s 轴构成右手系。

(2)局部笛卡儿坐标系 (e^*, n^*, r^*)：原点在所考虑的计算点，r^* 轴沿计算点的垂线方向，朝地球外为正，e^* 平行于 X_sY_s 面与 r^* 轴垂直，朝东方向，n^* 轴与 r^* 轴、e^* 轴构成右手系。

(3)自然坐标系 (Λ, Φ, W)：λ_3 与 X_s、Y_s 所构成平面的夹角称为纬度 Φ，朝北为正；λ_3 与 X_s、Z_s 所构成平面的夹角称为经度 Λ，朝东为正；W 为地球重力位。

2. 约定

采用张量记号与运算，角标 i、j、k、l、m、n 在没有标明时总是在 1、2、3 变化，对重复角标采用 Einstein 求和约定，(a_j^i) 表示由 a_j^i 元素组成的矩阵。

细究“理论闭合差”存在原因，发现水准测量所参照的局部笛卡儿坐标系是一个非完整坐标系导致了理论闭合差的存在。

地球重力场是一种位场，几何上，重力场可纯粹地看作一个三维的微分流形 M，它被一个个二维的微分流形——等位面所分层。选取重力场流形 M 的局部坐标 x^i，由流形及外微分的定义 $\mathrm{d}(\mathrm{d}x^i)=0$，这里第一个 d 为外微分，第二个 d 为微分，在函数的情形它们是一致的，以后将不予区别。再在重力场流形中选取三个线性独立的光滑标架场 e_i，它的对偶余标架场是可微分 1-形式 ω^i，由独立性 ω^i 可由 $\mathrm{d}x^i$ 线性表示为

$$\omega^i = a_j^i \mathrm{d}x^j \tag{F-1}$$

式中：a_j^i 是 x^j 的光滑函数，$(a_j^i)=\boldsymbol{A}$ 非奇异。对式(F-1)求外微分得

$$\mathrm{d}\omega^i = \frac{1}{2}\left(\frac{\partial a_j^i}{\partial x^k} - \frac{\partial a_k^i}{\partial x^j}\right)\mathrm{d}x^k \wedge \mathrm{d}x^j \tag{F-2}$$

由 (a_j^i) 非奇异知它存在逆矩阵 $(b_j^i)=\boldsymbol{B}$，其中 b_j^i 是 x^j 的光滑函数。由式(F-1)得

$$\mathrm{d}x^i = b_j^i \omega^j \tag{F-3}$$

将其代入式(F-2)，有

$$\mathrm{d}\omega^i = \frac{1}{2}\left(\frac{\partial a_j^i}{\partial x^k} - \frac{\partial a_k^i}{\partial x^j}\right) b_l^k b_m^j \omega^l \wedge \omega^m = \Omega_{lm}^i \omega^l \wedge \omega^m \tag{F-4}$$

式中：$\Omega_{lm}^i = \frac{1}{2}\left(\frac{\partial a_j^i}{\partial x^k} - \frac{\partial a_k^i}{\partial x^j}\right) b_l^k b_m^j$ 称为 ω^i 的非完整项。

由此可知，水准测量与测量路径有关的原因是水准测量的参照系是一个非完整坐标系。下面计算非完整项。取局部笛卡儿坐标系 (x, y, z) 或 (e^*, n^*, r^*)，$z(r^*)$ 为垂线方向，$x(e^*)$、$y(n^*)$ 分别为东、北方向，这就是通常水准测量所参照的坐标系。

令 $\omega^1 = \bar{\mathrm{d}}x$，$\omega^2 = \bar{\mathrm{d}}y$，$\omega^3 = \bar{\mathrm{d}}z$，则它和自然坐标系 (Λ, Φ, W) 的关系为

$$\begin{bmatrix} \mathrm{d}\Lambda \\ \mathrm{d}\Phi \\ \mathrm{d}W \end{bmatrix} = \boldsymbol{F} \begin{bmatrix} \bar{\mathrm{d}}x \\ \bar{\mathrm{d}}y \\ \bar{\mathrm{d}}z \end{bmatrix} \tag{F-5}$$

式中

$$\boldsymbol{F} = \begin{bmatrix} \chi_1 \sec \Phi & \tau \sec \Phi & \gamma_1 \sec \Phi \\ \tau & \chi_2 & \gamma_2 \\ 0 & 0 & -g \end{bmatrix} \tag{F-6}$$

是 ω^i 的 Frobenius 矩阵。χ_1、χ_2、τ、γ_1、γ_2 是重力场的五个参量：χ_1 是平行圈方向的等位面曲率，χ_2 为子午方向的等位面法曲率，τ 为子午线的测地晓率，γ_1 为力线在东西向的曲率，γ_2 为力线在南北向的曲率。它们与重力梯度张量的关系为

$$\chi_1 = -W_{11} g^{-1}, \quad \chi_2 = -W_{22} g^{-1}, \quad \tau = -W_{12} g^{-1}, \quad \gamma_1 = -W_{13} g^{-1}, \quad \gamma_2 = -W_{23} g^{-1} \tag{F-7}$$

于是可算得非完整项 Ω^i_{lm} 为

$$2\boldsymbol{\Omega}^1 = \begin{bmatrix} 0 & \chi_1 \tan \Phi & -\chi_1 \\ -\chi_1 \tan \Phi & 0 & \gamma_1 \tan \Phi - \tau \\ \chi_1 & -\gamma_1 \tan \Phi + \tau & 0 \end{bmatrix}$$

$$2\boldsymbol{\Omega}^2 = \begin{bmatrix} 0 & \tau \tan \Phi & -\gamma_1 \tan \Phi - \tau \\ -\tau \tan \Phi & 0 & -\chi_2 \\ \gamma_1 \tan \Phi + \tau & \chi_2 & 0 \end{bmatrix}$$

$$2\boldsymbol{\Omega}^3 = \begin{bmatrix} 0 & 0 & \gamma_1 \\ 0 & 0 & \gamma_2 \\ -\gamma_1 & -\gamma_2 & 0 \end{bmatrix} \tag{F-8}$$

在重力场流形 M 中任取一积分回路 C，对 ω^i 沿 C 积分，这相当于实际水准测量的抽象。由斯托克斯定理，有

$$\int_C \omega^i = \int_D \mathrm{d}\omega^i$$

式中：D 是 C 包围的区域，把式(F-4)代入上式得

$$\int_C \omega^i = \int_D \Omega^i_{lm} \omega^l \wedge \omega^m \tag{F-9}$$

由于一般情形下 Ω^i_{lm} 非零，此时坐标系是非完整的，式(F-9)等号右边非零，即产生了所谓的理论闭合差。由式(F-9)有

$$\oint_C \bar{\mathrm{d}}x^i = \int_{\mathrm{D}} \Omega^i_{lm} \bar{\mathrm{d}}x^l \wedge \bar{\mathrm{d}}x^m \tag{F-10}$$

将式(F-8)代入式(F-10)，则有

$$\oint_C \begin{bmatrix} \bar{\mathrm{d}}x \\ \bar{\mathrm{d}}y \\ \bar{\mathrm{d}}z \end{bmatrix} = \int_D \begin{bmatrix} -\chi_1 \tan \Phi & \chi_1 & \tau - \gamma_1 \tan \Phi \\ -\tau \tan \Phi & \gamma_1 \tan \Phi + \tau & \chi_2 \\ 0 & -\gamma_1 & -\gamma_2 \end{bmatrix} \begin{bmatrix} \bar{\mathrm{d}}x \wedge \bar{\mathrm{d}}y \\ \bar{\mathrm{d}}x \wedge \bar{\mathrm{d}}z \\ \bar{\mathrm{d}}y \wedge \bar{\mathrm{d}}z \end{bmatrix} \tag{F-11}$$

地心直角坐标系 (X_s, Y_s, Z_s) 是完整坐标系，它与 (x, y, z) 和 (Λ, Φ, W) 有如下关系：

$$\begin{bmatrix} \bar{d}x \\ \bar{d}y \\ \bar{d}z \end{bmatrix} = \boldsymbol{A} \begin{bmatrix} dX_s \\ dY_s \\ dZ_s \end{bmatrix} = \boldsymbol{B} \begin{bmatrix} d\Lambda \\ d\Phi \\ dW \end{bmatrix} \tag{F-12}$$

式中

$$\boldsymbol{A} = \begin{bmatrix} -\sin\Lambda & \cos\Lambda & 0 \\ -\sin\Phi\cos\Lambda & -\sin\Phi\sin\Lambda & \cos\Phi \\ \cos\Phi\cos\Lambda & \cos\Phi\sin\Lambda & \sin\Phi \end{bmatrix}$$

$$\boldsymbol{B} = \begin{bmatrix} \dfrac{\cos\Phi}{K}\chi_2 & -\dfrac{\tau}{K} & \dfrac{\chi_2\gamma_1 - \tau\gamma_2}{gK} \\ -\dfrac{\cos\Phi}{K}\tau & \dfrac{\chi_1}{K} & \dfrac{\chi_1\gamma_2 - \tau\gamma_1}{gK} \\ 0 & 0 & -g^{-1} \end{bmatrix}$$

$K = \chi_1\chi_2 - \tau^2$ 是等位面的高斯曲率。

由此可算得

$$\begin{bmatrix} \bar{d}x \wedge \bar{d}y \\ \bar{d}x \wedge \bar{d}z \\ \bar{d}y \wedge \bar{d}z \end{bmatrix} = \boldsymbol{A}_1 \begin{bmatrix} dX_s \wedge dY_s \\ dX_s \wedge dZ_s \\ dY_s \wedge dZ_s \end{bmatrix} = \boldsymbol{B}_1 \begin{bmatrix} d\Lambda \wedge d\Phi \\ d\Lambda \wedge dW \\ d\Phi \wedge dW \end{bmatrix} \tag{F-13}$$

式中

$$\boldsymbol{A}_1 = \begin{bmatrix} -\sin\Phi & -\cos\Phi\sin\Lambda & \cos\Phi\cos\Lambda \\ -\cos\Phi & -\sin\Phi\sin\Lambda & \sin\Phi\cos\Lambda \\ 0 & -\cos\Lambda & -\sin\Lambda \end{bmatrix}$$

$$\boldsymbol{B}_1 = \frac{1}{gK} \begin{bmatrix} g\cos\Phi & -\gamma_2\cos\Phi & \gamma_1 \\ 0 & -\chi_2\cos\Phi & \tau \\ 0 & \tau\cos\Phi & -\chi_1 \end{bmatrix}$$

将式(F-13)代入式(F-11)，可得

$$\oint_C \begin{bmatrix} \bar{d}x \\ \bar{d}y \\ \bar{d}z \end{bmatrix} = \int_D \boldsymbol{A}_2 \begin{bmatrix} dX_s \wedge dY_s \\ dX_s \wedge dZ_s \\ dY_s \wedge dZ_s \end{bmatrix} = \int_D \boldsymbol{B}_2 \begin{bmatrix} d\Lambda \wedge d\Phi \\ d\Lambda \wedge dW \\ d\Phi \wedge dW \end{bmatrix} \tag{F-14}$$

式中

$$\boldsymbol{A}_2=\begin{bmatrix} -\chi_1\sec\Phi & (\gamma_1\tan\Phi-\tau)\cos\Lambda & (\gamma_1\tan\Phi-\tau)\sin\Lambda \\ -\tau\sec\Phi-\gamma_1\sin\Phi & -\gamma_1\tan\Phi\sin\Phi\sin\Lambda-\chi_2\cos\Lambda & \gamma_1\tan\Phi\sin\Phi\cos\Lambda-\chi_2\sin\Lambda \\ \gamma_1\cos\Phi & \gamma_1\sin\Phi\sin\Lambda+\gamma_2\cos\Lambda & \gamma_2\sin\Lambda-\gamma_1\sin\Phi\cos\Lambda \end{bmatrix}$$

$$\boldsymbol{B}_2=\begin{bmatrix} -\dfrac{\sin\Phi}{K}\chi_1 & \sin\Phi\dfrac{\tau\gamma_1-\chi_1\gamma_2}{gK}-\dfrac{\cos\Phi}{g} & 0 \\ -\dfrac{\sin\Phi}{K}\tau & -\sin\Phi\dfrac{\tau\gamma_2-\chi_2\gamma_1}{gK} & -g^{-1} \\ 0 & \cos\Phi\dfrac{\tau\gamma_2-\chi_2\gamma_1}{gK} & \dfrac{\tau\gamma_1-\chi_1\gamma_2}{gK} \end{bmatrix}$$

对 $\boldsymbol{B}_2$ 矩阵利用

$$\begin{cases} \dfrac{\partial(g^{-1})}{\partial\Phi}=\dfrac{\tau\gamma_1-\chi_1\gamma_2}{gK} \\ \dfrac{\partial(g^{-1})}{\partial\Lambda}=\cos\Phi\dfrac{\tau\gamma_2-\chi_2\gamma_1}{gK} \end{cases}$$

可简化为

$$\boldsymbol{B}_2=\begin{bmatrix} -\dfrac{\sin\Phi}{K}\chi_1 & \sin\Phi\dfrac{\partial(g^{-1})}{\partial\Phi}-\dfrac{\cos\Phi}{g} & 0 \\ -\dfrac{\sin\Phi}{K}\tau & -\tan\Phi\dfrac{\partial(g^{-1})}{\partial\Lambda} & -g^{-1} \\ 0 & \dfrac{\partial(g^{-1})}{\partial\Lambda} & \dfrac{\partial(g^{-1})}{\partial\Phi} \end{bmatrix}$$

式(F-14)就是计算理论闭合差的严密公式,其计算的是由实际重力位水准面不平行性引起的理论闭合差,但它必须付出更多的代价,必须知道整个路径的五参量,可通过重力梯度仪测量获得。

附录C 数值积分方法

1. 四阶龙格-库塔法

$$\begin{cases} y_{n+1}=y_n+\dfrac{h}{6}(K_1+2K_2+2K_3+K_4) \\ K_1=f(x_n,y_n) \\ K_2=f\left(x_n+\dfrac{1}{2}h,y_n+\dfrac{1}{2}hK_1\right) \\ K_3=f\left(x_n+\dfrac{1}{2}h,y_n+\dfrac{1}{2}hK_2\right) \\ K_4=f(x_n+h,y_n+hK_3) \end{cases}$$

2. 库塔-尼斯特龙五阶六级方法

$$\begin{cases} y_{n+1}=y_n+\dfrac{h}{192}(23K_1+125K_3-81K_5+125K_6) \\ K_1=f(x_n,y_n) \\ K_2=f\left(x_n+\dfrac{1}{3}h,y_n+\dfrac{1}{3}hK_1\right) \\ K_3=f\left(x_n+\dfrac{2}{5}h,y_n+\dfrac{1}{25}h(4K_1+6K_2)\right) \\ K_4=f\left(x_n+h,y_n+\dfrac{h}{4}(K_1-12K_2+15K_3)\right) \\ K_5=f\left(x_n+\dfrac{2}{3}h,y_n+\dfrac{h}{81}(6K_1+90K_2-50K_3+8K_4)\right) \\ K_6=f\left(x_n+\dfrac{4}{5}h,y_n+\dfrac{h}{75}(6K_1+36K_2+10K_3+8K_4)\right) \end{cases}$$

3. 阿达姆斯方法

预报公式：

$$y_{n+1}=y_n+\frac{h}{24}(55f_n-59f_{n-1}+37f_{n-2}-9f_{n-3})$$

校正公式：

$$y_{n+1}=y_n+\frac{h}{24}(9f_{n+1}+19f_n-5f_{n-1}+f_{n-2})$$

以上各式中：h 为积分步长；f 为微分方程右函数；各变量下标中的 n 为积分步数；y_n 为第 n 步的积分状态；x_n 为积分变量，对力线方程组积分计算时，x_n 取力线长度。

参考文献

[1] 陆仲连,吴晓平,丁行斌,等.弹道导弹重力学[M].北京:八一出版社,1993.

[2] 张金槐.远程火箭精度分析与评估[M].长沙:国防科技大学出版社,1995.

[3] 王谦身.重力学[M].北京:地震出版社,2003.

[4] 刘冬至,邢乐林,徐如刚,等.FG5/232 绝对重力仪的试验观测结果[J].大地测量与地球动力学,2007,27(2):114-118.

[5] 鄂栋臣,何志堂,张胜凯,等.利用 FG5 绝对重力仪进行南极长城站绝对重力测定[J].极地研究,2007,19(3):213-219.

[6] 邢乐林,刘冬至,李辉,等.FG5 绝对重力仪及测点 3053 的绝对重力测量[J].极地研究,2007,32(2):27-28.

[7] 刘海静.石英振梁式重力传感器的结构设计与性能分析[D].南京:东南大学,2004.

[8] 吴美平,张开东.基于捷联惯导系统/差分全球定位系统的航空重力测量技术[J].科学与技术评述,2007,25(17):74-80.

[9] 任永毅.旋转加速度计重力梯度仪输出信号测量与分析[D].西安:航天第十六研究所,2003.

[10] 梁灿彬,周彬.微分几何入门与广义相对论:上册[M].北京:科学出版社,2006.

[11] 申文斌,宁津生,刘经南,等.关于运动载体引力与惯性力的分离问题[J].武汉大学学报(信息科学版),2003,28(特刊):52-54.

[12] 赵立珍,彭益武,周泽兵.基于扭矩测量的二维簧片重力梯度仪的设计[J].大地测量与地球重力学,2006,26(2):128-133.

[13] 曾华霖.重力梯度测量的现状与复兴[J].物探与化探,1999,23(1):1-6.

[14] 纪兵.卫星重力梯度测量相关技术研究[D].郑州:中国人民解放军信息工程大学,2005.

[15] 李红军,邓方林,柯熙政.旋转加速度计重力梯度仪原理及其应用[J].地球物理学进展,2002,17(4):614-620.

[16] 蔡体菁,周百令.重力梯度仪的现状和前景[J].中国惯性技术学报,1999,7(1):55-65.

[17] MOODY M V,PAIK H J.惯性导航用的超导重力梯度仪[J].舰船导航,2005(5):18-28.

[18] GOLDIOMETER M S, BRETT J J.精确重力梯度仪/AUV 系统[J].舰船导航,2004(5):26-33.

[19] 孙振贤.空间重力梯度测量用的蓝宝石谐振器传感器加速度计[J].导航与控制(译文集),2004(2): 60-65.

[20] 李娜.敏感重力测量用的超导重力梯度计:实验部分[J].导航与控制(译文集),2004(2):37-54.

[21] 欧阳典豪.敏感重力实验用的三轴超导重力梯度仪[J].舰船导航,2004(4):1-26.

[22] 任永毅,李汉舟,陈锦杜.旋转加速度计重力梯度仪技术研究[J].导航与控制,2003,2(3):38-42.

[23] CANAVAN E R. Predicted performance of the superconducting gravity gradiometer on the space shuttle [J]. Cryogenics,1996,36:795 - 804.

[24] WELLS E M. A priori and real time use of a gravity gradiometer to improve inertial navigation system accuracy [D]. Palo Alto: Stanford University,1981.

[25] 黄谟涛,翟国君,管铮,等.海洋重力场测定及其应用[M].北京:测绘出版社,2005.

[26] 徐天河,居向明.用 Kaula 线性摄动方法恢复 CHAMP 重力场模型[J].大地测量与地球动力学,2006, 26(4):18 - 22.

[27] 田福娟.卫星轨道摄动与地球重力场之间的关系[J].科技资讯,2007(4):45 - 46.

[28] 管泽霖,宁津生.地球形状及外部重力场:下册[M].北京:测绘出版社,1981.

[29] 张传定.卫星重力测量:基础、模型化方法与数据处理算法[D].郑州:中国人民解放军信息工程大学,2000.

[30] 王正涛.卫星跟踪卫星测量确定地球重力场的理论与方法[D].武汉:武汉大学,2005.

[31] 罗佳.利用卫星跟踪卫星确定地球重力场的理论与方法[D].武汉:武汉大学,2003.

[32] 宁津生,刘经南,陈俊勇,等.现代大地测量理论与技术[M].武汉:武汉大学出版社,2006.

[33] DITMAR P, KUSCHE J, KLEES R. Computation of spherical harmonic coefficients from satellite gravity gradiometry data: regularization issues[J]. Journal of Geodesy, 2003,77(7/8): 465 - 477.

[34] REED G B. Application of kinematical geodesy for determining the short wave length components of the gravity field by satellite gradiometer[R]. Bedford: The Ohio State University, 1973.

[35] 李迎春.利用卫星重力梯度测量数据恢复地球重力场的理论与方法[D].郑州:中国人民解放军信息工程大学,2004.

[36] 陈俊勇,程鹏飞,党亚民.卫星重力场探测及空间和地面大地测量联合观测[J].测绘科学,2007,32(6): 5 - 7.

[37] 黄谟涛,王瑞,翟国君,等.多代卫星测高数据联合平差及重力场反演[J].武汉大学学报(信息科学版),2007,32(11):989 - 994.

[38] 姜卫平.卫星测高技术在大地测量学中的应用[D].武汉:武汉大学,2001.

[39] 舒晴,周坚鑫,尹航.航空重力梯度仪研究现状及发展趋势[J].物探与化探,2007,31(6):485 - 488.

[40] 张永明,张贵宾,盛君.航空重力梯度测量技术及应用[J].工程地球物理学报,2006,3(5):375 - 380.

[41] HAMMOND S,MURPHY C. Air-FTGTM:Bell geospace's airborne gravity gradiometer:a description and case study [J]. Preview,2003(8):24 - 26.

[42] 张昌达.航空重力测量和航空重力梯度测量问题[J].工程地球物理学报,2005,2(4):282 - 291.

[43] 孙文科.低轨道人造卫星(CHAMP、GRACE、GOCE)与高精度地球重力场-卫星大地测量的最新发展及其对地球科学的重大影响[J].大地测量与地球动力学,2002,22(1):92 - 100.

[44] 周旭华,许厚泽,吴斌.用 GRACE 卫星跟踪数据反演地球重力场[J].地球物理学报,

2006,49(3)：719－724.
［45］ REIGBER C,SCHMIDT R,FLECHTNER F,et al. An earth gravity field model complete to degree and order 150 from GRACE：EIGEN-GRACE02S［J］. Journal of Geodynamics,2005,39(1)：1－10.
［46］ 徐天河,杨元喜.利用CHAMP卫星几何法轨道恢复地球重力场模型［J］.地球物理学报,2005,48(2)：288－293.
［47］ 沈云中.应用CHAMP卫星星历精化地球重力场模型的研究［D］.武汉：中国科学院测量与地球物理研究所,2000.
［48］ 王乐洋.重力卫星及其应用进展［J］.测绘技术装备,2006,8(4)：28－30.
［49］ 许厚泽,周旭华,彭碧波.卫星重力测量［J］.地理空间信息,2005,3(1)：1－3.
［50］ 李克行,彭冬菊,黄诚,等.GOCE卫星重力计划及其应用［J］.天文学进展,2005,23(1)：29－38.
［51］ 吴星.地球重力场调和分析方法研究［D］.郑州：中国人民解放军信息工程大学,2005.
［52］ 郑伟.地球物理摄动因素对远程弹道导弹命中精度的影响分析及补偿方法研究［D］.长沙：国防科技大学,2006.
［53］ 刘林.航天器轨道理论［M］.北京：国防工业出版社,2000.
［54］ 李济生.航天器轨道确定［M］.北京：国防工业出版社,2003.
［55］ 汤锡生,陈贻迎,朱明才.载人飞船轨道确定和返回控制［M］.北京：国防工业出版社,2002.
［56］ 任宣.引力异常作用时自由飞行弹道计算新方法［J］.国防科技大学学报,1985(2)：41－52.
［57］ 许厚泽,蒋福珍.关于重力异常球函数展式的变换［J］.测绘学报,1964(7)：252－260.
［58］ 黄谟涛,翟国君,欧阳永忠.扩展高阶地球位模型的理论方法与实践［J］.海洋测绘,2001(3)：2－8.
［59］ 任宣.地球外部空间扰动引力对弹道导弹运动的影响：对被动段运动的影响［J］.国防科技大学学报,1984(7)：63－82.
［60］ 张传定.地球重力场模型化理论与方法研究［D］.武汉：中国科学院测量与地球物理研究所,2004.
［61］ 石磐.利用局部重力数据改进重力场模型［J］.测绘学报,1994,23(4)：276－281.
［62］ 管泽霖,管铮,黄谟涛,等.局部重力场逼近理论与方法［M］.北京：测绘出版社,1997.
［63］ 彭富清,于锦海.球冠谐分析中非整阶Legendre函数的性质及其计算［J］.测绘学报,2000,29(3)：204－208.
［64］ 郭俊义.地球物理学基础［M］.北京：测绘出版社,2001.
［65］ VANICEK P, TENZER R, SJOBERG L E, et al. New views of the spherical bouguer gravity anomaly［J］. Geophys J Int,2004,159：460－472.
［66］ 黄谟涛,翟国君,管铮.高斯积分在地球重力场数值计算中的应用［J］.武汉测绘科技大学学报,1993,18(3)：22－29.
［67］ SIDERIS M G,SCHWARZ K P. Recent advances in the numerical solution of the linear molodensky problem［J］. Bulletin Geodesique,1988,62：59－69.
［68］ 李建成,陈俊勇,宁津生,等.地球重力场逼近理论与中国2000似大地水准面的确定

[M]. 武汉:武汉大学出版社,2003.
[69] BENNEFF M M,DAVIS P W. Minuteman gravity modeling [A]. New York: Proceeding AIAA Guidance and Control Conference, 1976.
[70] 吴晓平. 局部重力场点质量模型[J]. 测绘学报,1984,13(4): 249 - 258.
[71] SUNKEL H. The generation of a mass point model from surface gravity data [R]. Bedford: The Ohio State University, 1983.
[72] 黄谟涛. 潜地战略导弹弹道扰动引力计算与研究[D]. 郑州:郑州测绘学院,1991.
[73] 黄谟涛,管铮. 360 阶位模型改善及其对应的分层点质量模型解算[J]. 海洋测绘,1995(1):10 - 18.
[74] 黄谟涛,管铮. 扰动质点模型构制与检验[J]. 海洋测绘,1995(2):16 - 25.
[75] 黄金水,朱灼文. 外部扰动重力场的频谱响应质点模式[J]. 地球物理学报,1995(2):182 - 188.
[76] 程雪荣. 边值问题的离散解法[J]. 测绘学报,1984,13(2):122 - 130.
[77] 朱灼文,许泽厚. 顾及局部地形效应的离散型外部边值问题[J]. 中国科学(B 辑),1985(2):185 - 192.
[78] 许厚泽,朱灼文. 地球外部重力场的虚拟单层密度表示[J]. 中国科学(B 辑),1984(6):575 - 580.
[79] 操华胜,朱灼文,王晓岚. 地球重力场的虚拟单层密度表示理论的数字实现[J]. 测绘学报,1985,14(4): 262 - 272.
[80] 朱灼文. 统一引力场表示理论[J]. 中国科学(B 辑),1987(12):1348 - 1356.
[81] 朱灼文,黄金水,操华胜,等. 一种基于统一引力场表示理论的外部扰动场赋值建模方法[J]. 武汉测绘科技大学学报,1999, 24(2):95 - 98.
[82] 李建伟. 扰动重力边值问题及数据处理研究[D]. 郑州:中国人民解放军信息工程大学,2004.
[83] MORITZ H. Covariance functions in least-squares collocation[R]. Bedford: The Ohio State University,1976.
[84] 夏哲仁,李斐. 外部重力场逼近中的近代理论与数据结构[J]. 测绘学报,1989,18(4):313 - 319.
[85] 夏哲仁,林丽. 局部重力异常协方差函数逼近[J]. 测绘学报,1995,24(1): 23 - 27.
[86] 边少锋. 大地测量边值问题数值解法与地球重力场逼近[D]. 武汉:武汉测绘科技,1992.
[87] 于锦海. 物理大地测量边值问题的理论[D]. 武汉:中国科学院测量与地球物理研究所,1992.
[88] MAINWILLE A. The altimetry-gravity problem using orthonomal base functions [R]. Bedford:The Ohio State University,1986.
[89] YU J H,WU X P. The solution of mixed boundary value problems with the reference ellipsoid as boundary [J]. J. of Geod,1997, 71: 454 - 460.
[90] 边少锋,张德涵. 测高-重力边值问题的有限元解法[J]. 测绘学报,1992,21(4):34 - 35.
[91] SACERDOTE F,SANSO F. Overdetermined boundary value problem in physical geodesy [J]. Manu. Geod, 1985,10:48 - 64.

[92] 朱灼文，于锦海. 超定大地边值问题[J]. 中国科学(B辑)，1992，1：103－112.
[93] 沈云中，许厚泽. 基于积分方程正则化的重力异常超定问题解法[J]. 同济大学学报，2002，30(11)：1337－1341.
[94] 徐新禹，李建成，邹贤才，等. 最小二乘法求解三类卫星重力梯度边值问题的研究[J]. 武汉大学学报(信息科学版)，2006，31(11)：987－991.
[95] 罗志才. 利用卫星重力梯度数据确定地球重力场的理论和方法[D]. 武汉：武汉测绘科技大学，1996.
[96] 朱灼文，操华胜. 重力学内部边值问题及其应用[J]. 中国科学(B辑)，1990(2)：208－217.
[97] 邓波. 随机偏微分方程在大地边值问题中的应用[D]. 武汉：武汉大学，2004.
[98] 巴特. 地球物理学中的谱分析[M]. 郑治真，叶正仁，安镇文，等译. 北京：地震出版社，1978.
[99] 张凤琴. 基于离散余弦变换的位场谱分析方法及应用[D]. 长春：吉林大学，2007.
[100] 邱宁，何展翔，昌彦君. 分析研究基于小波分析与谱分析提高重力异常的分辨能力[J]. 地球物理学进展，2007，22(1)：113－121.
[101] 方剑，马宗晋，许厚泽. 地形-均衡补偿重力、大地水准面异常频谱分析[J]. 地球物理进展，2006，21(1)：26－31.
[102] 孙和平，徐建桥，黎琼. 地球重力场的精细频谱结构及其应用[J]. 地球物理进展，2006，21(2)：20－28.
[103] 陈石，张健. 重力位场谱分析方法研究综述[J]. 地球物理学进展，2006，21(4)：20－27.
[104] HWANG C, KAO Y C. Spherical harmonic analysis and synthesis using FFT: application to temporal gravity variation [J]. Computers & Geosciences, 2006, 32: 442－451.
[105] HUANG M T, ZHAI G J, GUAN Z, et al. On the evaluation of deflections of the vertical using FFT technique [J]. Geo-spatial Information Science, 2001, 4(1): 5－13.
[106] FORBERG R, SIDERIS M G. Geoid computation by the multi-band spherical FFT approach [J]. Manuscripta Geodaetica, 1993, 18(2): 82－90.
[107] FORSBERG R. Gravity field terrain effect computation by FFT [J]. Bulletin Geodesique, 1985, 59: 342－360.
[108] HAAGMANS E, MIN R, GELDEREN M. Fast evaluation of convolution integrals on the sphere using ID FFT, and a comparison with exsiting methods for Stokes' integral [J]. Manuscripta Geodaetica, 1993, 18: 227－241.
[109] RUMMEL R, VAN GELDEREN M. Spectral analysis of the full gravity tensor [J]. Geophys J Int, 1992, 111: 159－169.
[110] FARELLY B. The geodetic approximation in the conversion of geoid height to gravity anomaly by fourier transform [J]. Bulletin Geodesique, 1991, 65: 92－101.
[111] SCHWARZ K P, SIDERIS M G, FORSBERG R. The use of FFT techniques in physical geodesy[J]. Geophys J Int, 1990, 100: 485－514.
[112] NAGY D, FURY R J. Local geoid computation from gravity using the fast Fourier transform technique [J]. Bulletin Geodesique, 1990, 64: 283－294.

[113] VAN HEERS G. S. Srokes formula using fast Fourier techniques [J]. Manuscripta Geodaetica,1990,15:235-239.

[114] HARRISON J C,DICKINSON M. Fourier transforms methods in local gravity field modeling [J]. Bulletin Geodesique,1989,63:149-166.

[115] SIDERIS M G ,TZIAVOS I N. FFT-evaluation and application of gravity-field convolution integrals with mean and point data [J]. Bulletin Geodesique, 1988, 62: 521-540.

[116] SIDERIS M G. Sperical methods for the numerical solution of Molodensky's problem [R]. Calgaly: UCSE Report,1987.

[117] COLOMBO O L. Numerical methods for harmonic analysis on the sphere [R]. Bedford:The Ohio State University,1981.

[118] 黄谟涛,翟国君,管铮利用 FFT 技术计算垂线偏差研究[J]. 武汉测绘科技大学学报,2000,25(5):414-420.

[119] 黄谟涛,翟国君,管铮利用 FFT 技术计算大地水准面高若干问题研究[J]. 测绘学报,2000,29(2):124-131.

[120] 黄谟涛,翟国君,管铮利用 FFT 技术计算地形改正和间接效应[J]. 测绘学报,2000,29(2):124-131.

[121] LIY C,SIDERIS M G. The fast Hartley transform and its application in physical geodesy [J]. Manuscripta Geodaetica,1992,17:381-387.

[122] JUNKINS J L. Investigation of finite-element representations of the geopotential [J]. AIAA Journal,1976,14(6):803-808.

[123] 赵东明,吴晓平. 利用有限元方法逼近飞行器轨道主动段扰动引力[J]. 宇航学报,2003,24(3):309-313.

[124] 赵东明. 弹道导弹扰动引力快速逼近的算法研究[D]. 郑州:中国人民解放军信息工程大学,2001.

[125] 陈摩西,王明海,王继平,等. 基于有限元方法的弹上引力异常快速计算研究[J]. 上海航天,2008(4):26-30.

[126] 刘纯根. 远程导弹射击诸元准备中的若干问题研究[D]. 长沙:国防科技大学,1998.

[127] 施浒立,颜毅华,徐国华. 工程科学中的广义延拓逼近法[M]. 北京:科学出版社,2005.

[128] 赵彦,施浒立. 广义延拓外推法在卫星导航差分定位中的应用[R]. 北京:国家天文台,2004.

[129] 芒克,麦克唐纳. 地球自转[M]. 北京:科学出版社,1976.

[130] 胡明城. 现代大地测量学的理论及其应用[M]. 北京:测绘出版社,2003.

[131] MORITZ H. Covariance functions in least-squares collocation[R]. Bedford: The Ohio State University,1976.

[132] TSCHERING C C,RAPP R H. Closed covariance expressions for gravity anomalies, geiod undulations,and deflections of the vertical implied by anomaly degree variance models[R]. Bedford:The Ohio State University,1974.

[133] FORSBERG R. A new covariance model for inertial gravimetry and gradiometry[J]. Journal of Geophysical Research, 1987,92:1305-1310.

[134] SCHWARZ K P. Gravity induced position errors in airborne inertial navigation[R]. Bedford:The Ohio State University,1981.
[135] JORDAN S K,CENTER J L. Establishing requirements for gravity surveys for very accurate inertial navigation [J]. Navigation,1986,33(2):90-108.
[136] JEKELI C. Gravity on precise short-term,3-D free-inertial navigation[J]. Navigation, 1997,44(3):347-357.
[137] GLEASON D. Critical role of gravity compensation in a stand-alone precision INS [C]. Arligton:DARPA PINS Meeting,2003.
[138] KWON J . Gravity compensation methods for precision INS[C]. Dayton:ION 60th Annual Meeting,2004.
[139] KOPCHA P D. NGA gravity support for inertial navigation [C]. Dayton: ION 60th Annual Meeting,2004.
[140] 陈永冰,边少锋,刘勇.重力异常对平台式惯性导航系统误差的影响分析[J].中国惯性技术学报,2005,13(6):21-26.
[141] 郭恩志.一种重力异常对弹道导弹惯性导航精度影响的补偿方法[J].中国惯性技术学报,2005,13(3):30-33.
[142] 束蝉方.高精度惯导系统的重力补偿技术研究[D].武汉:武汉大学,2005.
[143] 陈国强.引力异常对惯性制导的影响[J].国防科技大学学报,1980(1):141-159.
[144] 段晓君.自由段重力异常对弹道精度的影响[J].导弹与航天运载技术,2002(6):1-4.
[145] 王昱.扰动引力的快速计算及其对落点偏差的影响[D].长沙:国防科技大学,2002.
[146] 李斐.高精度惯性导航系统对重力场模型的要求[J].武汉大学学报(信息科学版),2006,31(6): 508-601.
[147] 张毅,肖龙旭,王顺宏.弹道导弹弹道学[M].长沙:国防科技大学出版社,1999.
[148] 程国采.弹道导弹制导方法与最优控制[M].长沙:国防科技大学出版社,1987.
[149] 陈国强.异常重力场中飞行器动力学[M].长沙:国防科技大学出版社,1982.
[150] HEISKANEN W A,MORITZ H.物理大地侧量学[M].卢福康,胡国理,译.北京:测绘出版社,1979.
[151] 李照稳.顾及频谱特性点质量模型的研究[D].郑州:中国人民解放军信息工程大学,2004.
[152] 方俊.重力测量与地球形状学:下册[M].北京:科学出版社,1975.
[153] HAGAN M T,DEMUTH H B, BEALE M H. Neural network design [M]. Beijing:China Machine Press,2002.
[154] BATTITI R. First and second-order methods for learning: between steepest descent and Newton's method [J]. Neural Computation,1992,4(2):141-166.
[155] 袁曾任.人工神经网络及其应用[M].北京:清华大学出版社,2000.
[156] 颜慧敏.空间插值技术的开发与实现[D].成都:西南石油大学,2005.
[157] 殷弘.Kriging 方法在定量的分子结构与分子化学属性之间关系的建模研究[D].武汉:武汉大学,2005.
[158] 王靖波,潘愚,张绪定.基于 Kriging 方法的空间散乱点插值[J].计算机辅助设计与图形学学报,1999,11(6):525-529.

[159] 游海龙，贾新章，张小波，等. Kriging 插值与拉丁超立方试验相结合构造电路元模型[J]. 系统仿真学报，2005，17(11)：2752－2754.

[160] CRESSIE N. Spatial prediction and ordinary kriging [J]. Mathematical Geology，1997，20(4)：405－421.

[161] 牛文杰，朱大培，陈其明. 贝叶斯残余克里金插值方法的研究[J]. 工程图学学报，2001(2)：68－76.

[162] SACKS J，SCHILLER S B，WELCH W J. Design for computer experiment [J]. Techno Metrics，1989，31(1)：41－47.

[163] 王东明. 重力场的结构理论：关于重力场学的若干问题研究[D]. 武汉：中国科学院测量与地球物理研究所，1996.

[164] 王东明. 重力场理论的一些进展[D]. 北京：北京大学，1999.

[165] 朱华统，徐正扬，艾贵斌，等. 弹道导弹阵地控制测量[M]. 北京：解放军出版社，1993.

[166] 吕志平，张建军，乔书波，等. 大地测量学基础[M]. 北京：解放军出版社，2005.

[167] 聂铁军. 计算方法[M]. 北京：国防工业出版社，1999.

[168] 马振华. 现代应用数学手册：计算与数值分析卷[M]. 北京：清华大学出版社，2005.

[169] 肖龙旭. 地地导弹弹道与制导[M]. 北京：宇航出版社，2003.

[170] 陈世年. 控制系统设计[M]. 北京：宇航出版社，1996.

[171] 徐延万. 控制系统：上[M]. 北京：宇航出版社，1989.

[172] NELSON S L. Alternative approach to the solution of Lambert's problem [J]. Journal of Guidance，Control，and Dynamics，1992，15(4)：1003－1009.

[173] 马清华. 利用冲量改进闭路制导研究[J]. 弹箭与制导学报，2004(4)：302－304.

[174] 郗晓宁，王威. 近地航天器轨道基础[M]. 长沙：国防科技大学出版社，2003.

[175] 李华滨，李伶. 小型固体运载火箭迭代制导方法研究[J]. 航天控制，2002(2)：29－31.

[176] 申文斌，宁津生，刘经南，等. 关于动态航空重力测量中的理论模型的研究[J]. 测绘与空间地理信息，2004，27(5)：1－5.

[177] 边少锋. 新型重力测量技术及其在导航和重力测量中的应用[J]. 测绘科学，2006，31(6)：47－49.

[178] 翟振和，吴富梅. 基于原子干涉测量技术的卫星重力梯度测量[J]. 测绘通报，2007(2)：5－7.

[179] PETERS A，CHUNG K Y，CHU S. High－precision gravity measurements using atom interferometry [J]. Metrologia，2001，38：25－61.

[180] KASEVICH M，CHU S. Measurement of the gravitational acceleration of an atom with a light-pulse atom interferometer [J]. Appl Phys B，1992，54：321－332.

[181] MARABLE M L，SAVARD T A，THOMAS J E. Adaptive atom-optics in atom interferometry [J]. Optics Communications，1997，135：14－18.

[182] 韩品尧. 战术导弹总体设计原理[M]. 西安：西北工业大学出版社，2000.

[183] 杨晓亚. GPS/INS/TAN 组合导航系统应用研究[D]. 西安：西北工业大学，2006.

[184] 秦永元，张洪钺，汪叔华. 卡尔曼滤波与组合导航原理[M]. 西安：西北工业大学出版社，2007.

[185] 王东明. 重力场中的完整坐标与非完整坐标[J]. 地球物理学报，1997，40(1)：96－104.

[186] 杨晔，李达，李城锁. 旋转加速度计式重力梯度仪动态测量适应性能试验与效果分析[J]. 导航定位与授时，2019，6(2)：19－25.

[187] 蔡体菁，钱学武，丁昊. 旋转加速度计重力梯度仪重力梯度信号仿真[J]. 物探与化探，2015，39(Supp)：76－79.

[188] 聂鲁燕，刘晓东，宋超. 重力梯度仪旋转加速度计标度因数匹配方法[J]. 中国惯性技术学报，2010，18(5)：533－537.

[189] 钱学武，蔡体菁. 旋转加速度计重力梯度仪加速度计标度因数实时反馈调整方法[J]. 中国惯性技术学报，2016，24(2)：148－153.

[190] 韦宏玮. 旋转加速度计重力梯度仪的误差分析[D]. 长沙：国防科学技术大学，2013.

[191] 罗嗣成. 旋转加速度计重力梯度仪[D]. 武汉：华中科技大学，2007.

[192] 李红雨，曹诚，李凤婷. 航空、航海重力和重力梯度在海洋、未知陆地战略勘探的发展[J]. 地球物理学进展，2019，34(1)：316－325.

[193] 郑伟，谢愈，汤国建. 自由段弹道扰动引力计算的球谐函数极点变换[J]. 宇航学报，2011，32(10)：2103－2108.

[194] 谢愈，郑伟，汤国建. 弹道导弹全程扰动引力快速赋值方法[J]. 弹道学报，2011，23(3)：18－23.

[195] 朱晨昊. 弹道导弹上升段扰动引力影响分析及补偿方法研究[D]. 哈尔滨：哈尔滨工业大学，2006.

[196] 王庆宾，周世昌，王世忠，等. 弹道主动段全射向扰动引力快速逼近方法[J]. 测绘科学技术学报，2010，27(2)：79－82.

[197] 马宝林. 地球扰动引力场对弹道导弹制导精度影响的分析及补偿方法研究[D]. 长沙：国防科学技术大学，2017.

[198] 王激扬. 应用模糊控制方法的扰动引力计算[J]. 航天控制，2012，30(1)：20－22.

[199] 王顺宏，戴陈超，李剑，等. 跳跃-滑翔弹道扰动引力自适应网格快速赋值方法[J]. 国防科技大学学报，2019，41(5)：24－33.

[200] 周欢，丁智坚，郑伟. 沿飞行弹道的扰动引力逼近方法[J]. 兵工学报，2018，39(12)：2363－2370.

[201] 周欢，丁智坚，郑伟. 沿临近空间机动弹道的扰动引力重构模型优化[J]. 兵工学报，2018，39(12)：2372－2379.

[202] 田家磊，李新星，刘晓刚. 以扰动重力为边值条件确定外部扰动重力场[J]. 中国惯性技术学报，2018，26(6)：773－777.

[203] 田家磊，吴晓平，李姗姗. 应用格林积分直接以地面边值确定外部扰动重力场[J]. 测绘学报，2015，44(11)：1189－1195.